平凡社新書
614

日本人はどんな大地震を経験してきたのか

地震考古学入門

寒川旭
SANGAWA AKIRA

JN284323

HEIBONSHA

日本人はどんな大地震を経験してきたのか●目次

はじめに

二〇一一（平成二三）年三月一一日の午後二時四六分頃。兵庫県尼崎市の郵便局の窓口で、封筒を差し出した私は、「重さが測れません」という意外な言葉に驚かされました。目の前にある「電気抵抗線式はかり」が水平を保てなくなっていたのです。

次の瞬間、地面がゆっくりと動いていることに気づきました。大きな船で沖合にいるように、床が曲線を描きながら移動し、今度は、折り返して反対方向に向います。このように、足元の定まらない状態がしばらくつづいて、なかなかおさまりそうにありません。

遠いところの地震と感じて、すぐに考えたのは、近ぢか、発生が懸念されていた宮城県沖地震です。でも、この地震はM（マグニチュード）7・5程度なので、六〇〇キロも離れた場所で、こんなに揺れるはずはありません。

急いで駆けつけた研究室で、テレビの画面に映し出されたのは、東北地方の太平洋沿岸での悲しい出来事でした。そこには、巨大な津波が岸壁を乗り越えて、家並みや路上の車を、次々に呑みこんでいくという残酷《ざんこく》な現実が展開していました。

宮城県沖地震をはるかに超えるような巨大な地震。頭に浮かんだのは、平安時代の大津波を伝える歴史書の記述でした。

それは、八六九年七月一三日（ユリウス暦七月九日）のことです。菅原道真《すがわらのみちざね》が中心になって編纂《へんさん》した『日本三代実録《にほんさんだいじつろく》』には、

> 貞観《じょうがん》一一年五月二六日に陸奥《むつ》国で大きな地震があった。しばらくの間、人々は泣きさけび、倒れた人々は起きることができなかった。ある者は家が倒れて圧死し、ある者は地割れに埋まって死んだ。牛馬は驚いて騒ぎ、城郭・倉庫・門・櫓《やぐら》・垣・壁が無数に崩れ落ちた。海水は雷のような音をたててほえ、怒濤《どとう》となって多賀《たが》城の城下まで押し寄せた。海から数十百里にわたって波がおよび、地面との境がわからなくなった。原野も道路も蒼々《あおあお》とした海となった。船に乗るいとまもなく、山に登ることもできず、溺死《できし》した者が一〇〇〇人ばかりだった。資産も苗《なえ》も失って、なに一つ残らなかった。

と書かれています。「流《りゅう》光《こう》昼《ひる》のごとく隠映《いんえい》す」という表現から、夜に起きた地震とわかります。

三月一一日の東北地方太平洋沖地震はM9・0で、日本で観測された地震では最大規模でした。北米プレートと、その下に沈みこむ太平洋プレートの境界から発生した地震で、南北に約五〇〇キロもの長さで岩盤が破壊されました。そして、地震の激しい揺れにつづいて、三〇分ほど後から、すさまじい津波が太平洋沿岸に押し寄せたのです。

三陸《さんりく》地域は、過去に何度も大きな津波に襲われていました。一八九六（明治二九）年の明治三陸地震津波や一九三三（昭和八）年の昭和三陸地震津波の経験から、宮古《みやこ》市（田老《たろう》町）や釜石《かまいし》市・大船渡《おおふなと》市などには巨大な防波堤が築かれていました。しかし、それをも破壊し、乗り越えるほどの巨大な津波だったのです。

宮城県や福島県でも想定をはるかに超える津波が押し寄せて、多くの家屋が押し流されました。気仙沼《けせんぬま》市や多賀城《たがじょう》市では、石油タンクなどから出火して燃え広がりました。

地震とともに、陸側が持ち上がるように海底が食い違って津波が発生しました。その時に、海岸付近の地盤が一メートル前後も沈降したことが、津波の被害を、さらに大きなものにしました。

とりわけ、私たちを震撼《しんかん》させたのは、東京電力福島第一原子力発電所の事故でした。懸念されていた原発震災が現実のものとなって、計り知れない恐怖と混迷を与えたのです。

今回の地震にもっとも近い規模だったのは、一二〇〇年近く前に発生した大津波です。一九〇六年に歴史・地理学者の吉田東伍《よしだとうご》が、「歴史地理」という雑誌に載せた「貞観十一年陸奥府城《じょうがんじゅういちねんむつふじょう》の震動洪溢《しんどうこういつ》」という論文では、『日本三代実録』の記述を検証して、決して誇張ではないと論述しています。

一九九〇年代には東北大学の箕浦幸治さんが、仙台《せんだい》市や相馬《そうま》市の海岸から数キロ内陸側の地点で、この時の津波で運ばれた砂（津波堆積物《つなみたいせきぶつ》）を確認しています。その後も、東北大学や産業技術総合研究所（産総研）の研究者が、地下の地層を採取して津波堆積物が分布する範囲を調べています。地震の少し後の九一五（延喜《えんぎ》一五）年に十和田《とわだ》火山が噴火して、津波堆積物の少し上に火山灰が降り積もっていたことが、津波の年代を推定する指標となりました。

産総研活断層・地震研究センターの宍倉《ししくら》正展さんたちによる二〇一〇年八月の報告（AFERC NEWS）では、石巻《いしのまき》平野では少なくとも三キロ、仙台平野では少なくとも四キロ、南相馬市で少なくとも一・五キロまで、当時の海岸線から津波が遡上《そじょう》したことがわかっています。そして、このような大津波を引き起こした原因として、太平洋沖海底のプレート境界から発生したM8・4以上の巨大地震を考えています。

この地震に見舞われた多賀城は、七二四年頃に陸奥国の国府《こくふ》として設置されました。宮城県や多賀城市による発掘調査の結果、築城から一〇世紀に消滅するまでの期間がⅠ～Ⅳ期に四区分されています。そして、Ⅰ期が七二四年から七六二年、Ⅱ期が七六二年から七八〇年、Ⅲ期が七八〇年から八六九年、Ⅳ期が八六九年から一〇世紀中頃となっています。このなかのⅣ期のはじめに、政庁の後殿《こうでん》や築地《ついじ》が再建され、瓦《かわら》の葺《ふ》き替えが行われていきます。つまり、貞観地震の激しい揺れで多賀城が大きな被害を受けて、震災から復興する過程がⅣ期なのです。

地震の翌年にあたる貞観一二年九月一五日条（『日本三代実録』）には、瓦造りの技術に優れた新羅《しらぎ》人の技術者が三人、都から陸奥国修理府《しゅりふ》に派遣されて、現地で指導したことが記されています。

さらに、多賀城市埋蔵文化財調査センターによる二〇〇〇年の市川橋《いちかわばし》遺跡の発掘調査では、多賀城城下にある大路の路面や側溝《そっこう》が、九世紀後半の水害で被害を受けた痕跡が見つかっており、これが貞観地震の津波と考えられています。

甚大な被害を与えた東日本大震災ですが、歴史をたどれば、菅原道真の時代にも、これに近い規模の巨大地震が存在したのです。


地殻変動で生まれた日本列島では、どこに住んでいても、地震の強い揺れから逃れることはできません。しかし、私たちの国土には、過去千数百年にわたる文字記録が残され、考古学の遺跡発掘調査で過去一万年以上の歴史が掘り出されています。そして、この間に発生した地震について、最近では、かなりわかるようになりました。

このように、地震の歴史を振り返ることによって、過去の地震を知り、ここから将来の地震に備えるためのさまざまな知恵が得られるはずです。逆に考えれば、日本の歴史を考えるためには、地震に対する理解が不可欠ではないでしょうか。本書では、このような視点で、過去の地震について紹介いたします。

第一章
地震はどうして起きるのか

多賀城正殿の礎石跡。貞観地震では城下が津波に呑まれた。

世界の地震

日本列島を襲った東北地方太平洋沖地震（M9・0）は、「東日本大震災」を引き起こしました。二〇〇四年一二月二六日に発生したスマトラ島沖地震（M9・1前後）も、インド洋北東縁の海底のプレート境界から発生した巨大地震です。インド洋周辺の海岸を襲った津波の様子がテレビの画面に映し出され、世界中の人々が、地震と、それにつづく津波の恐ろしさを知りました。

一方、一九九五年一月一七日の兵庫県南部地震（M7・3）は、内陸の活断層から発生した大地震で、阪神・淡路大震災を引き起こしました。二〇〇八年五月一二日に中国で発生した、M8近い四川大地震（汶川《ウエンチュアン》地震）も活断層による地震です。一〇〇キロ以上の長さで岩盤が破壊されて、地面が大きく食い違いました。激しい震動によって建物が倒壊し、山地から崩れ落ちた大量の土砂が、集落を呑みこみ、河川をせき止めました。

地球の表面は、プレートという固い殻に覆われており、それが、ジグソーパズルのように十数枚に分かれています。それぞれのプレートが、ゆっくりと動いているので、プレー

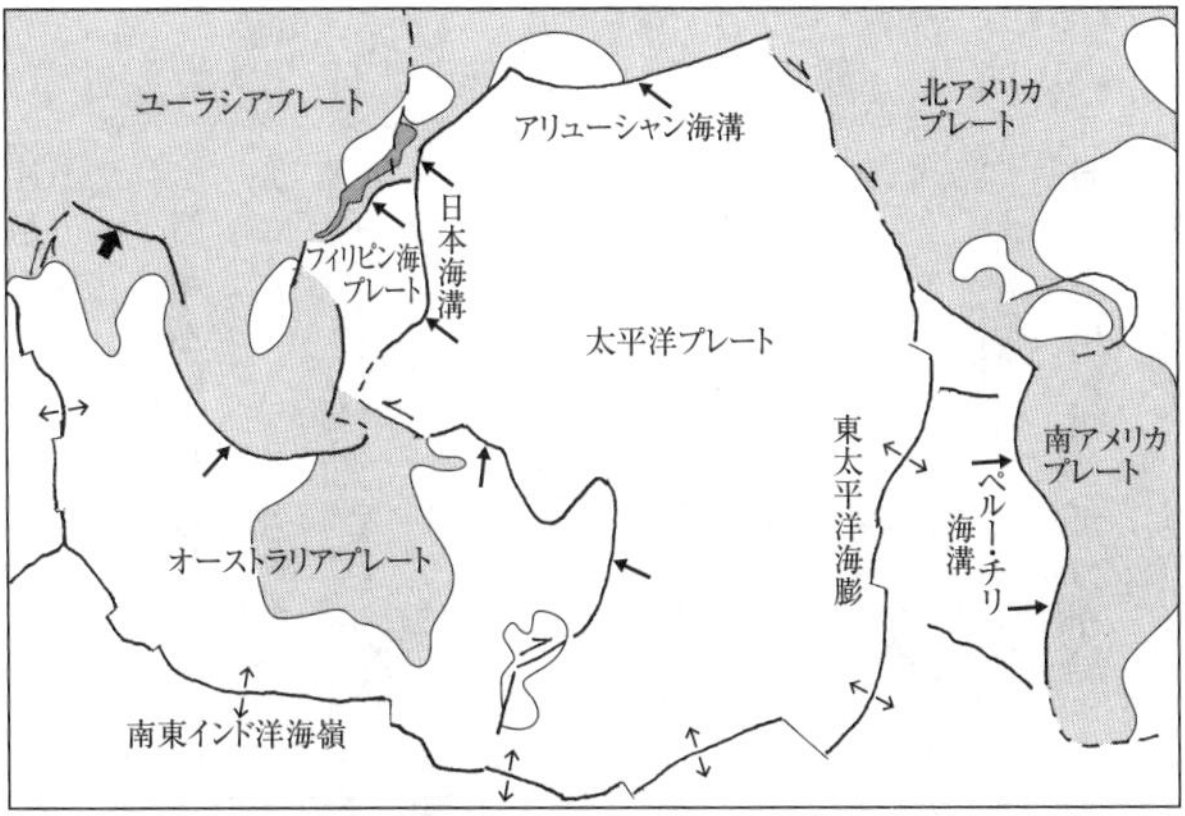

図1−1　プレート境界と最近の巨大地震
太い実線がプレート境界で、両側に矢印があるのは避けて広がる場所、片刃の矢印は横にすれ違う場所、細長い矢印は押し合って片側が潜り込んでいる場所、太い矢印は潜り込まずに押し合っている場所（インドとヒマラヤの境界など）。薄いアミは広い意味の陸地、濃いアミの付近が日本列島。

トの境界は、裂けて広がったり、押しあったり、横にすれ違ったりという三つのタイプに分かれます（図1−1）。

このうち、太平洋の東部で南北にのびる東太平洋海膨《かいぼう》などのような海底に生じた細長い高まりは、裂けて広がるタイプです。インドネシアからヒマラヤ山脈にいたる地域や、日本列島などは押しあうタイプです。そして、北アメリカの西海岸などでは、プレートが互いに横にすれ違っています。

このようなプレートの動きが地震を引き起こすエネルギーの源で、地球上で起きる大きな地震は、プレートの境界や、その付近に集中しています。そして、複数のプレートが押しあっている日本列島周辺には、とくに多くの地震が集中しているのです。

私たち日本人は、緑に包まれた美しい島々に暮らしています。しかし、この国土の、どこに住んでいても、地震の強い揺れから逃れられない宿命なのです。

日本列島で生活するからには、地震の基礎的な知識が必要不可欠と思います。この章では、地球の上で、どのようにして地震が発生しているかを簡単に説明します。

プレートの運動と巨大地震

地球は「ニワトリの卵」と似ています。内部が高温で、表面の温度が低いので、まん丸い「ゆで卵」を少し冷やした状態といえます。

卵の黄身にあたる「核《かく》」は、鉄やニッケルという、比重が大きくて重い金属で構成されています。約四六億年前に地球が誕生した頃に、これらが地球の中心に集まりました。

卵の白身に相当するのが「マントル」です。基本的には固体ですが、流動性も備えており、地球の表面に近い部分が冷えて固くなっています。

地球を覆う地殻は、大きく二つのタイプに分けることができます。一つは、花崗岩《かこうがん》などで構成されていて比重が小さい「陸の地殻《ちかく》」で、厚さは三〇〜四〇キロです。もう一つは、玄武岩《げんぶがん》で構成されていて比重の大きい「海の地殻」で、厚さは一〇キロ以下です。地殻と、マントル最上部で固くなった部分をあわせてプレート（リソスフェア）といい、これが卵の殻にあたります。

ヤカンに水を入れて下から熱すると、暖まった湯が上昇しますが、表面付近で冷えて、ヤカンの側面に沿って沈みます。このような流れを対流といい、マントルの上部でも同じことが起きています。

マントルを構成する物質（主にかんらん岩）が上昇して地球の表面に達する場所では、火山活動によって細長く盛り上がった海底山脈が生まれて「海嶺《かいれい》」あるいは「海膨《かいぼう》」と呼ばれます。そして、地面の近くで冷やされて、固くなったマントル物質がプレートになります。このプレートは、対流するマントルに浮かんだ巨大な「イカダ」のように、ゆっくりと移動しているのです。

太平洋の東部にある「東太平洋海膨」で生まれた海のプレート（太平洋プレート）は、一万キロも西にある日本列島に向かって、長い年月をかけて、ゆっくりりと動いています。

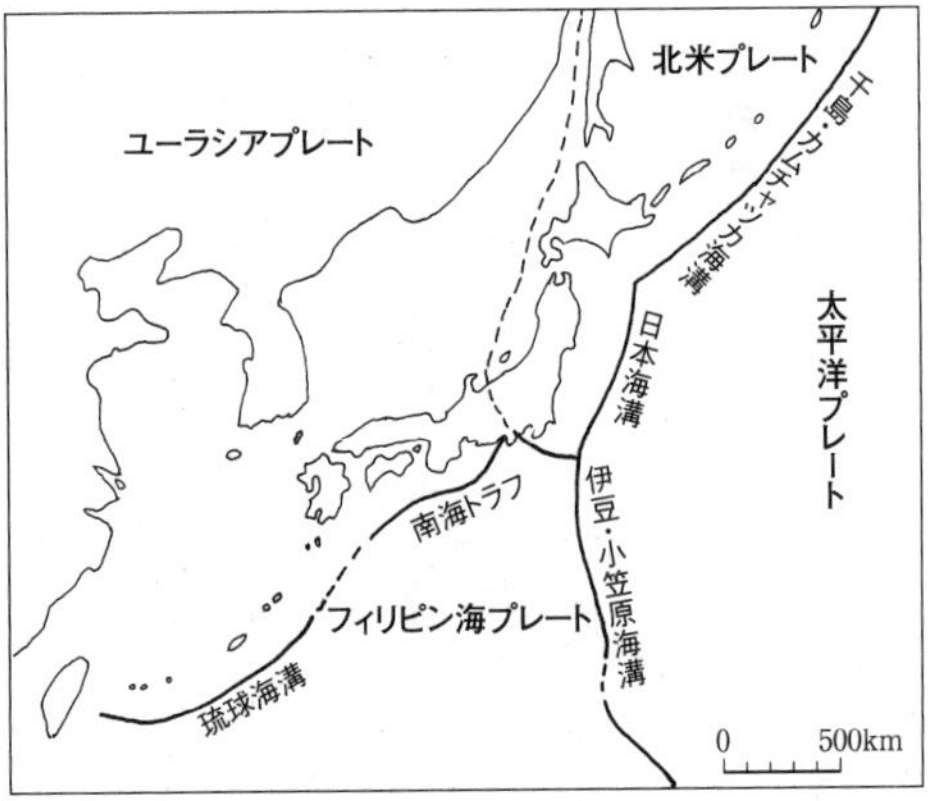

図1－2　日本列島周辺のプレート境界

海膨から離れるに従ってプレートの年齢が増えますが、日本列島にたどり着いているのは、一億三〇〇〇万年ほど前に誕生したプレートです。

西に進んだ太平洋プレートの行く手には、ユーラシアプレートや北米プレートと呼ばれる陸のプレートがあります。両者がぶつかって押しあい、比重の大きな海のプレートが陸のプレートの下に潜りこんでいます。

太平洋プレートの西側には、もう一つの、小さな海のプレート（フィリピン海プレート）がありますが、このプレートも西へ進んで、陸のプレートの下に潜りこんでいます。

太平洋プレートやフィリピン海プレートが潜りこむことによって、陸のプレートの先端が強く押されて、シワのように細長く盛り上がります。このシワの先端が、海面に姿を現した島々が日本列島なのです（図１－２）。

太平洋プレートが潜りこむ位置には、「日本海溝《かいこう》」と呼ばれる海底の細長い凹地《くぼち》があり、深さは最大八〇〇〇メートルにもおよんでいます。一方、フィリピン海プレートが潜りこんでいる海底の凹地は、陸地から流れこんだ土砂が厚く堆積して底が広がり、お盆のような形になっているので「トラフ（海盆）」といいます。

駿河《するが》湾から四国沖までが「南海トラフ」、伊豆半島を隔てて東側の、相模《さがみ》湾の海底が「相模トラフ」と呼ばれています。伊豆半島は、実は、海のプレートに属していますが、沈むことができないまま北に進んで、丹沢《たんざわ》山地付近の陸域を激しく押しています。

日本海溝や南海トラフ・相模トラフに沿って、海のプレートが潜りこんでいますが、陸のプレートとの境界には、固着した（くっついた）場所がいくつもあります。ですから、海のプレートが前に進むことによって、陸のプレートが強く押されるとともに、下に向かって引きずりこまれます。

この状態が長くつづくと、地殻の歪《ひず》みが増えてエネルギーが貯まります。これが、限界に達すると、固着した部分がバリッと壊れます。この時に、プレートの境界が一気に滑り動き、陸側が跳ね上がって広い範囲が激しく揺れるのです。

このようにして発生するのが、東北地方太平洋沖地震・東海地震・南海地震のような海溝型の地震で、M8クラスの巨大地震を引き起こすことがあります（図1－3）。

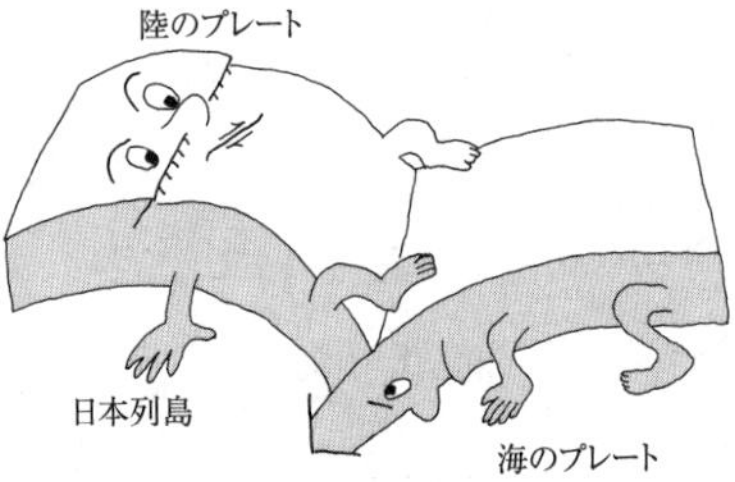

図1－3　プレートの運動
陸のプレート上の実線は活断層、ケバを付けた側が相対的に低下、矢印は横ずれの方向を示す。

海のプレートは、巨大地震が発生する位置より、さらに深くまで沈みこんでいますが、自分の重みで壊れて、地震（スラブ内地震）を起こすことがあります。

プレートの先端が一〇〇キロほどの深さに達すると、周囲のマントルが、さらに高温になっていて、プレートに含まれる水分が溶けます。これがマグマとして上昇して、火山活動を行います。東北地方の日本海側に沿って火山帯が発達するのは、地下のプレートがその深さに達しているからです。

一方、海底には、陸から運ばれた小石・砂・粘土などが厚く堆積しており、海のプレートの表面には古い火山などの起伏《きふく》があります。海のプレートが潜りこむ場所では、プレートの表面の起伏や堆積物《たいせきぶつ》が削り取られて、陸のプレートに強く押しつけられます。これらがくっついて陸のプレートの一部となったものを「付加体《ふかたい》」といいます。

活断層から発生する地震

日本列島は、水平方向から強い力で押されながら隆起しています。仮に、地盤が、弾力のあるゴムのような物質で作られていたなら、スムーズに盛りあがるはずです。しかし、現実には、固い岩盤が変形しているわけですから、傷だらけになります。

無数の傷のなかで、両側が滑り動いて、岩盤が食い違ったものを「断層《だんそう》」といいます。地殻変動をくり返してきた日本列島には無数の断層がありますが、古い断層はすでに固まっています。そして、まだ完治していない傷を「活断層《かつだんそう》」といいます。

活断層に沿って岩盤が壊れて、両側が、上下、あるいは、左右にずれ動くのが「断層活動《だんそうかつどう》」で、この時にも地震が発生して激しく揺れます。

断層活動によって建物が壊れて、多くの尊い命が奪われます。ですから、活断層には、「強力」で「凶暴」というイメージがあります。しかしながら、現実の活断層は、まわりに比べて壊れやすくて「か弱い」存在なのです。たとえば、腰痛に悩まされている人にとって、疲れが貯まると真っ先に悲鳴を上げる腰が、活断層のようなものでしょう。

強い圧縮力に耐えつづけるうちに、岩盤のなかでもっとも弱い場所がバリッと壊れます。傷は、すぐにくっつきますが、その後も圧縮されつづけるうちに岩盤の歪みが増えます。これが限界に達すると、また壊れてしまいます。このようにして、活断層は、静かな時をすごした後に悲鳴を上げ、再び、静けさを取り戻すことをくり返しているのです。

おとなしくしている期間（活動の間隔）や活動の仕方（岩盤がずれ動く方向）は、活断層ごとに、ある程度、定まっているようです。ですから、それぞれの活断層について、一つ前と、もう一つ前の活動がわかると、次回の活動についておおよその予測がつきます。少なくとも、その断層が、現在、歪みのエネルギーをいっぱい貯めていて、近いうちに活動しそうか、そうでないかについての判断は可能です。個々の活断層にも歴史があり、それを知ることによって将来の活動を推測できるのです。

図1－4にしめしたのは、近畿地域の主な活断層です。多くは、山地と平野・盆地の境界に位置しています。活断層にとって「地形の境界」とは、住み心地のよい場所なのでし

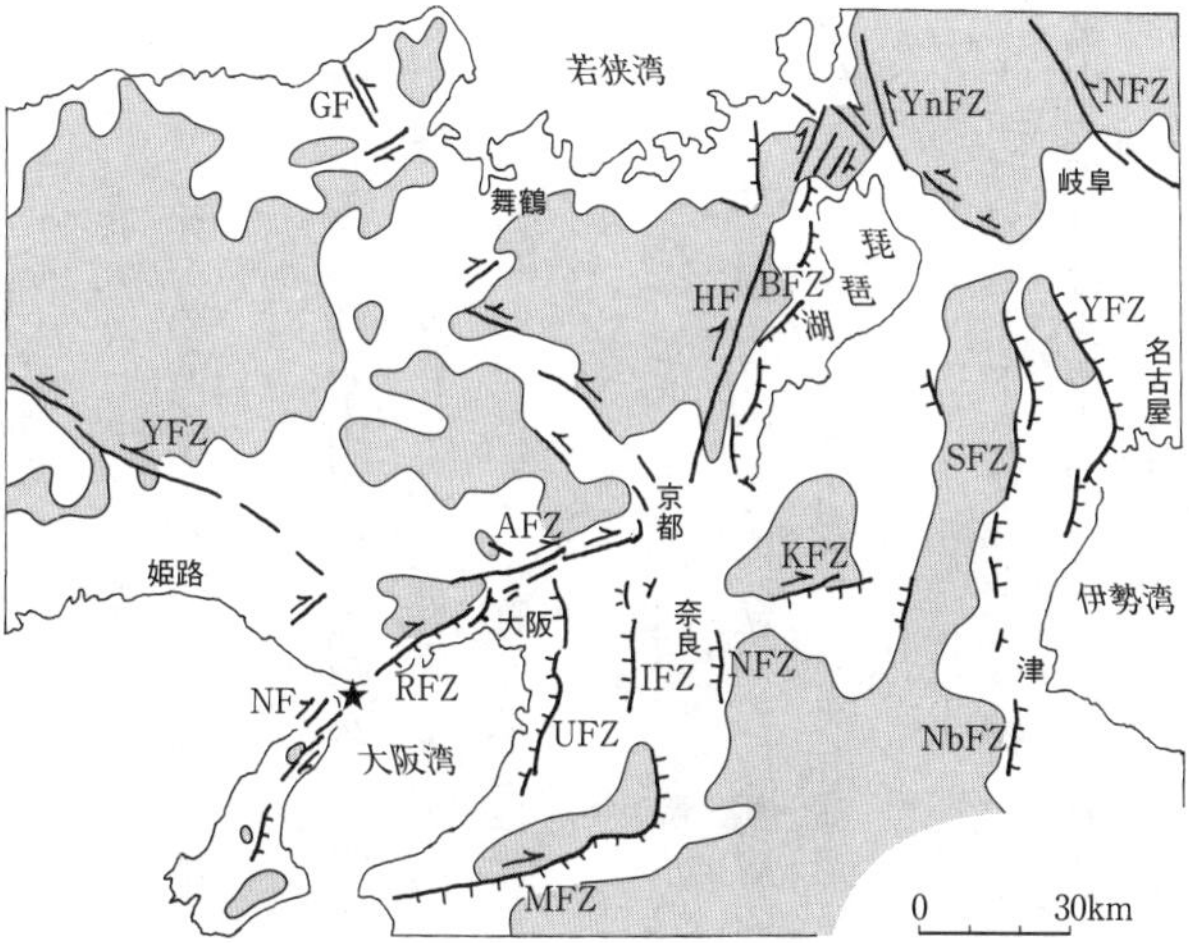

図1－4　近畿の活断層と地形

アミで示したのは海抜高度400m以上の地域である。太い実線は活断層で、ケバを付けた側が相対的に下降（反対側が上昇）、矢印は横ずれの方向を示す。星印は1995年兵庫県南部地震の震源である。

NFZ：濃尾断層帯、YnFZ：柳ヶ瀬断層帯、YFZ：養老－桑名―四日市断層帯、SFZ：鈴鹿東縁断層帯、NbFZ：布引山地東縁断層帯、BFZ：琵琶湖西岸断層帯、HF 花折断層、KFZ：木津川断層帯、NFZ：奈良盆地東縁断層帯、IFF：生駒断層帯、UFZ：上町断層帯、AFZ：有馬―高槻断層帯、RFZ：六甲断層帯、NF：野島断層、MFZ：中央構造線断層帯、YFZ 山崎断層帯、GF：郷村断層

ょうか？

いや、話の順番が逆です。ある場所で活断層という傷が生じて、断層活動をくり返すうちに、そこが地形の境界になったのです。仮に、ある活断層が二〇〇〇年ごとに活動して、両側の地面が上下に二メートルずつ食い違うとします。すると、活断層を境にして、一万年間で一〇メートル、一〇万年間で一〇〇メ

ートル、一〇〇万年では実に一〇〇〇メートルもの高度差が生まれます。

このように、一回の変位量はわずかでも、断層活動（地震）をくり返すことによって、活断層の片方の側が上昇しつづけて山地となり、反対側が沈降しつづけて平野や盆地・湖になるのです。

隆起しつづける山地は、地形が急峻《きゅうしゅん》で、崩壊や地滑りが起きます。そして、崩れ落ちた岩屑《がんせつ》（岩石の破片）や土砂は、河川の下流に向かって運搬されます。さらに、断層の反対側で沈みつづけている平野や盆地に流れこんで、洪水を起こしながら、広い範囲を均等に埋めるのです。

このようにして、新しい地層が堆積しつづける平野や盆地は平坦で水はけがよく、人々の暮らしに適しています。私たちは断層活動によって沈降する地域に住みついて、水田耕作などを営み、そこに、大きな都市が発達したのです。

太平洋プレートやフィリピン海プレートが西（あるいは西北西）に進むことで、日本列島の大部分は東西方向に強く圧縮されます。ですから、それぞれの活断層も、分布する方向によって活動の仕方が決まっています（図1－5）。

南北方向の活断層の場合、横から押されるので、断層活動とともに、東西に少し縮みながら、地面が上下にずれ動きます。上昇する側の岩盤が、反対側の岩盤の上に覆い被さるように動きますが、このようなタイプを「逆断層《ぎゃくだんそう》」といいます。山麓《さんろく》に住む人にとって、大きな地震のたびに、山地が上昇しながら近づいてくることになります。

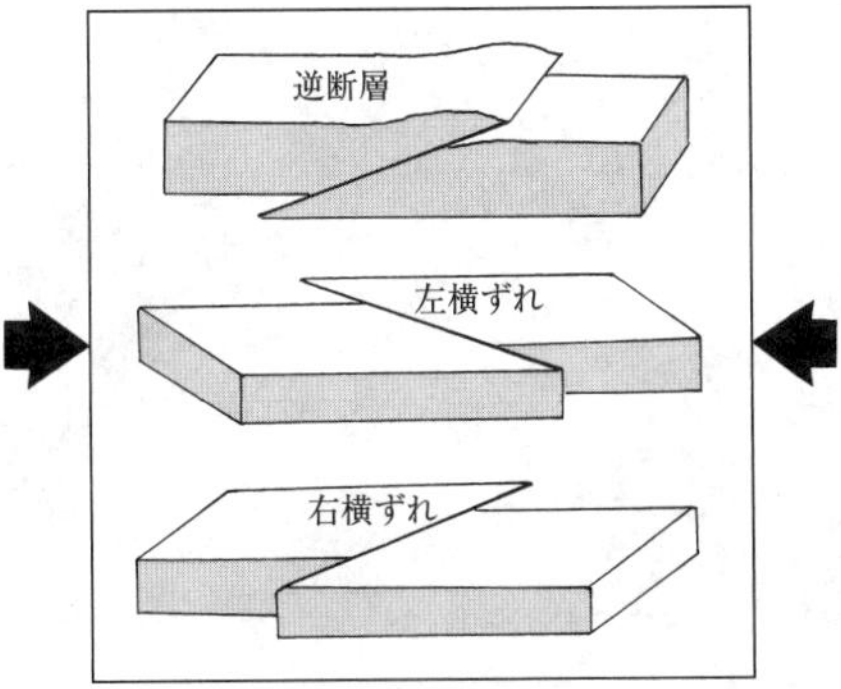

図1－5　活断層の変位のタイプわけ
矢印は地盤が圧縮されている方向。

一方、北東―南西や北西―南東方向の活断層は、斜め横方向から押されるので、断層活動とともに地面が横にずれ動きます。そして、北東―南西方向の活断層は「右横ずれ」、北西―南東方向の活断層は「左横ずれ」と規則的です。ちなみに、活断層の手前に立った場合、活断層の向こう側の地面が右にずれ動くのを「右横ずれ」、左にずれ動くのを「左横ずれ」といいます。

もちろん、純粋に横方向にしか動かないということは珍しく、上下方向のずれをともないながら、横にずれ動く場合がほとんどです（写真1－1）。

写真１－１　野島断層による道路の変位
淡路島の道路を横切っていた野島断層が1995年の兵庫県南部地震で活動して、断層の向こう側の道路が上昇しながら右横ずれ方向に変位した。

図１－４にしめした近畿地域の活断層も、南北方向が逆断層、北東―南西方向が右横ずれ、北西―南東方向が左横ずれと、活動の仕方は定まっています。

逆断層に対して「正断層《せいだんそう》」という言葉があります。これは、引張力《いんちょうりょく》を受けた場合の断層活動で、両側の岩盤が引き離されるように動きながら、片側が下がります。日本列島のように、全体が圧縮されている地域では正断層はまれですが、九州の北部地域や、マグマが上昇する火山地域などでは正断層が発達しています。

単純に、一つの活断層が一つの地震を引き起こすというわけではありません。いくつかの活断層がグループ（断層帯《だんそうたい》、または断層系《だんそうけい》）をつくり、一緒に活動して大地震を引き起こします。もちろん、グループのなかには、いつも活動するレギュラー級の断層もいれば、時々活動する断層もあります。

一般に、長くのびる断層帯ほど大きな地震を引き起こして、断層活動による地面の食い違い量（変位量）も大です。また、大きな地震を起こす断層帯ほど、活動の間隔は短い傾向にあり、これまでに把握されているもっとも短い活動間隔は一〇〇〇年前後です。ただ、一部には、長く休んで大きな地震を起こす断層帯もあります。

活断層（あるいは断層帯）は、他の活断層と無関係に活動しつづけているわけではありません。断層活動によって、その地域の歪みエネルギーが解放されると、隣接地域で、歪みエネルギーの貯まっている活断層の活動をうながします。活断層は、周囲の活断層との関わりのもとで活動しており、この世界にも、隣近所との「つきあい」が存在するわけです。

また、活断層は永遠に、同じ場所で活動しつづけるわけではありません。その地域全体の地殻変動の変化に伴って、活動を停止したり、新しい位置に活断層が生まれたりして、世代交代が進行しています。

日本列島の場合、最近の一〇〇万年間くらいは、同じ活断層が同じような活動をくり返していると考えられています。もちろん、その間（五〇万年前とか二〇万年前とか）に誕生した新しい活断層もあります。

プレートの運動によって日本列島が誕生し、山地や盆地や平野などの地形の起伏の多くが活断層によって形成されています。「人間」と「活断層」、そして「現在の地形」は、約四六億年にわたる地球の歴史のなかで、もっとも新しい時代を、ともにすごしている「同世代のメンバー」なのです。

活断層を掘る

活断層がどこにあるかを知るために、「空中写真」が利用されます。国土地理院などが作成したカラーやモノクロの写真で、一定の高度を保ちつつ真っすぐに飛行して、地面を連続して撮影します。

隣りあった空中写真を左右に並べて、「実体鏡《じったいきょう》」という機器を通して眺めると、地面が立体的に見えて、起伏がよくわかります。これを「実体視《じったいし》」といいますが、人間の両方の眼によって立体的に見えるのと同じ原理です（写真1－2）。

地面には、いたるところに崖地形がありますが、成因から、三つに分類できます。まず、

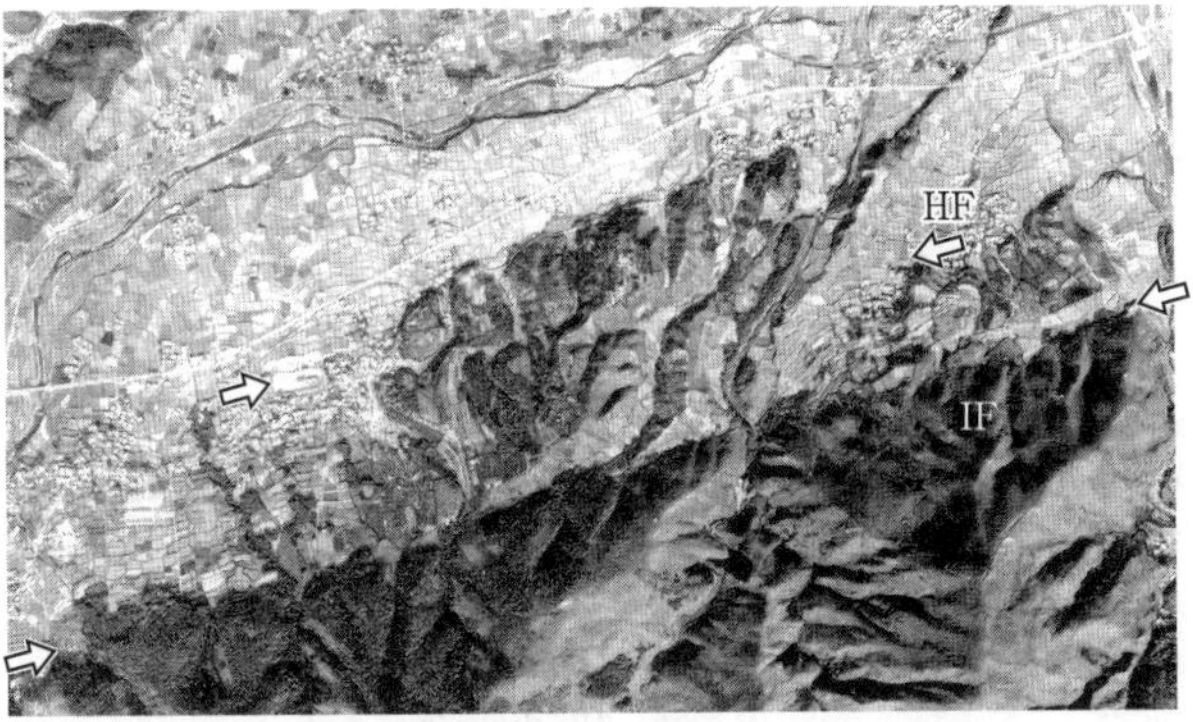

写真1－2　活断層による変位地形
四国の中央構造線断層帯による変位地形。二本の断層が左右（東西）に走っており、それぞれを矢印で示した。断層名はHF（畑野断層）、IF（石鎚断層）である。石鎚断層に沿って手前側（下側）が上昇している。また、畑野断層の右横ずれ変位によって複数の尾根が屈曲している（国土地理院撮影の空中写真、SI-67-2X, C3-9）。

川や海などの水の流れで浸食した「浸《しん》食崖《しょくがい》」。次は、人間が削ったり、土を盛ったりした「人工的な崖」。最後に、ごくわずかですが、活断層の活動で生じた地面の食い違いがあり、これを「断層《だんそう》崖《がい》」といいます。

断層崖は、地形の特徴から、他の成因の崖と識別できます。横ずれを伴う断層の場合は、断層を横切って流れる河川や田んぼの畦《あぜ》などが横ずれの方向に折れ曲がっています。

断層活動で生じた地形を「変位地形」といいますが、その詳しい観察（判読）にも空中写真を活用します。人工的な地形の改変が進んでいる場所では、元の地形がわかりませんが、古い写真を使うと、それが解消できます。たとえば、一九四七・四八年に米軍が撮影した空中写真などは、都市化が進んだ地域の活断層を判読するのに、とても有効です。

一方、活断層が活動した歴史（履歴）を知るために、発掘調査が行われます。考古学の遺跡発掘調査では、地面を広く掘って平面的に調べることが多いですが、活断層の調査の場合は、深く掘り下げて地層の断面を観察します。

まず空中写真や現地調査で活断層の位置を推定して、掘削する場所を決めてから、活断層に直交する方向に細長い溝を掘ります。細長く掘るので「トレンチ調査」と呼ばれます。日本ではじめてトレンチ調査が行われたのは一九七八年で、対象となったのは、一九四三年の鳥取地震（M7・2）を引き起こした鹿野《しかの》断層です。そして、この断層が活動して鳥取地震を引き起こしたことや、さらに四〇〇〇～八〇〇〇年前にも活動していたことがわかりました。

その後も、主な活断層についてトレンチ調査が行われていましたが、一九九五年の阪神・淡路大震災をきっかけとして、国のプロジェクトとして、日本列島各地で実施されるようになりました。

この大震災は、主に淡路島の野島《のじま》断層が引き起こしたもので、地震そのものは「兵庫県南部地震（M7・3）」と名付けられています。この出来事によって、日本中の誰もが「活断層が地震を起こす」存在であることを知りました。そして、専門の立場では、活断層の活動履歴を調べることの大切さが再認識されました。

この結果、通商産業省（現・経済産業省）工業技術院地質調査所や、科学技術庁（現・文部科学省）・地方自治体・大学によって、日本全国に分布する、九八（現在では一一〇）の主要な活断層を対象とした総合的な調査がはじまり、多くの断層でトレンチ調査が行われるようになりました。私が勤務していた地質調査所の活断層調査は、現在では産業技術総合研究所地質調査総合センターに引き継がれています。

トレンチ調査では、図のような地層の断面が見られます（図1－6）。図のAでは、最初にⅦ層が堆積し、その後、Ⅵ層からⅠ層までが順番に堆積しますが、この過程で断層が活動して地層が食い違っています。

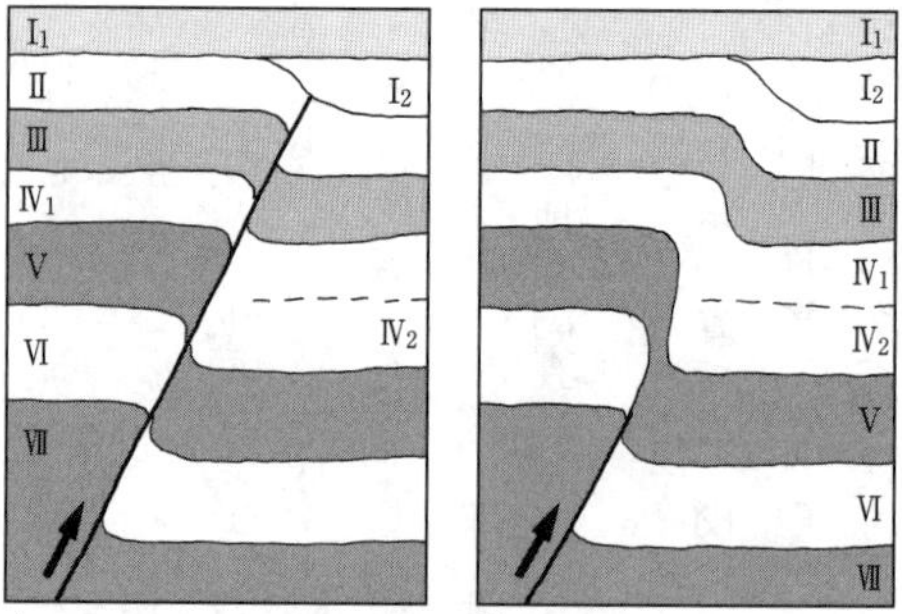

A　　　　　　　　B

図1－6　活断層トレンチ調査の模式図
図A（左）の地層は活断層（矢印の方向に変位）によって切断されているが、図B（右）では中〜上部の地層が柔らかかったので、切断されずに曲がって（撓曲）いる。

まず、Ⅴ層が堆積した直後に断層活動が生じて、Ⅴ〜Ⅶ層が変位しました。その後、断層活動で下がった側を埋めるようにⅣ$_2$層が堆積し、これを覆って、Ⅳ$_1$層とⅡ・Ⅲ層がほぼ水平に堆積しています。

Ⅱ層が堆積した後にも断層が活動して、Ⅱ〜Ⅶ層が変位しました。Ⅴ〜Ⅶ層は前回につづいて今回も変位したので、変位量はⅡ〜Ⅳ層の倍になります。その後、下がった側にⅠ$_2$層が堆積してから、Ⅰ$_1$層が水平に堆積しています。

この図から、Ⅴ層が堆積した後でⅣ$_1$（Ⅳ$_2$）層が堆積する前、Ⅱ層が堆積した後でⅠ$_1$（Ⅰ$_2$）が堆積する前の二回、断層活動があったことがわかります。断層活動の直前、および直後の地層の年代がわかると、断層活動によって地震が発生した年代を絞りこむことができます。

地層が堆積した年代を知るために、その地層に含まれる炭・木片や植物の遺体から炭素を抽出し、炭素の半減期を利用して年代を測定します（放射性炭素年代測定法）。また、地層のなかに含まれる考古学的な資料を用いて、年代を知ることもできます。

　このようにして絞りこまれた年代に、該当する地震の文字記録が存在すると、断層活動の年月日、さらに時刻までわかります。


　一方、断層が活動した時に、地層がスムーズに切断されるとは限りません。ほどよい固さの地層は切断しやすいですが、堆積してから年月が十分に経過していなくて、まだ柔らかい地層が厚く堆積している場合、切断されずに曲がることが多いです（図1－6B）。

　地層が切断されずに曲がっただけの状態を「撓曲《とうきょく》」といいます。この場合、地層の上部ほど、曲がりが不明瞭になるので、どの地層までが堆積してから断層活動が生じたかという判断が難しいことがあります。

　一方、柔らかい地層に厚く覆われていて、地形的に活断層を見つけることが難しい場合などは、ボーリング調査で地層の食い違いを探ります。さらに、人工的に、ごく小さな地震を発生させながら真っすぐに進み、反射してきた波の波形を用いて、地下に存在する活断層を探る「弾性波探査」も広く行われています。海底や湖底にある活断層の場合、「音波探査」を行いますが、比較的粒子の細かい地層が堆積している海底や湖底は、この探査に適しています。

第二章

地震による さまざまな災害

東北地方太平洋沖地震による液状化現象で抜け上がった千葉県浦安市のマンホール。

地震による被害

一九九五（平成七）年一月一七日の午前五時四六分、まだ夜が明けきらない暗闇のなかで、兵庫県南部地震（M７・３）が発生して、六四三四名の尊い命を奪う大惨事（阪神・淡路大震災）となりました。

震源は、明石海峡の海底で、深さ十数キロの地点です（第一章・図1－4参照）。ここからはじまった岩盤の破壊が、二方向に進みました。一つは、淡路島北西岸の野島《のじま》断層に沿って南西に向かい、断層の両側の地面が、一気にずれ動きました。この時の変位量は、最大で、右横ずれ方向に二・一メートル、垂直方向に一・三メートルでした。

もう一つは、六甲《ろっこう》山地の南東縁《なんとうえん》に発達する六甲断層帯に沿って北東に進み、地下深部で岩盤が破壊されましたが、地面には明瞭な変位が生じませんでした。

兵庫県南部地震では、野島断層が、目一杯の活動を行いました。一方、本来なら、地面を何メートルも食い違わせるだけの力を秘めた六甲断層帯ですが、今回の活動は部分的なものでした。

地震が発生すると、すぐに震源の位置が発表されます。そして、多くの人が、震源という一点で地震が起きるというイメージを持っているようです。

厳密にいうと、震源は岩盤の破壊のはじまった地点です。ここから、プレート境界や、活断層に沿って破壊が進み、その破壊によって震動が生じます。破壊がはじまってから終わるまで、兵庫県南部地震の場合は十数秒間でした。

地震は、震源だけで起きるのではなく、プレートが接している面や、断層という平面を移動しながら発生するわけです。このように、地震が発生する範囲全体を「震源域」といいます。

地震の規模については、M8クラスが巨大地震、M7クラスが大地震、M5〜6クラスが中地震です。日本列島の巨大地震のほとんどがプレート境界で発生しています。活断層からの地震はM7クラスまでで、M8に達したのは、一八九一年の濃尾《のうび》地震など、ごくわずかです。

Mは地震のエネルギーをしめす値ですが、Mが0・2増えると、エネルギーはおおむね二倍になります。ですから、M7・0の地震の倍のエネルギーを持つのがM7・2の地震、

M7・4なら約四倍になります。M8・0の巨大地震だったら、M7・0の大地震の約三二倍です。

一般の人たちにとって、わかりにくいのが、マグニチュード（M）と震度の違いです。Mは一つの地震について一つの値だけですが、震度は場所によって異なります。活動した断層の周辺では震度7に達することがありますが、そこから離れるにつれて震度は小さくなります。兵庫県南部地震の場合、阪神・淡路地域では震度6～7でしたが、遠く離れた静岡県では震度2、東京は震度1程度でした。

このように、地震を引き起こしたプレート境界や活断層からの位置関係で震度が決まります。また、それぞれの場所の地盤や地形によっても震度や揺れ方が変わり、被害も異なります。

兵庫県南部地震の時、野島断層周辺や神戸の市街地は、最初に下から突き上げられるとともに、周期が一～二秒くらいのするどい揺れに見舞われました。これが日本の一般住居ともっとも共鳴しやすい周期なので「キラーパルス」と呼ばれました。

この揺れによって多くの建物が倒壊しましたが、とくに目立ったのは、一階がつぶれて、二階がそのまま落下した光景でした。地面からの揺れが最初に伝わるのが建物の一階ですが、車庫に利用したり、店舗になっていたりして、柱や壁の部分が少なくて耐震性が低いことが多いようです（写真２－１）。

写真２－１　兵庫県南部地震によって倒壊した家屋

一方、海底のプレート境界から発生する巨大地震の場合、陸域の広い範囲が、強い揺れに見舞われます。関東平野・濃尾平野・大阪平野のように、軟弱な地盤が厚く堆積している地域では、周期が数秒～一〇秒という長周期の揺れが、数分以上もつづきます。このような揺れは、細長い建物などと波長があって増幅するため、超高層ビルなどが被害を受けやすくなります。

兵庫県南部地震の場合、軟弱な地盤が厚く堆積していた海岸の埋め立て地では、揺れの周期が長くなって、ゆっくりした揺れになりました。ですから、ポートアイランドなどの人工の島では、震動で倒壊した建物は少なく、「液状化現象」による被害が目立ちました。

また、山地や丘陵では崩壊や地滑りが発生します。とくに、傾斜地を造成した場所では、自然地盤と盛土の境界に沿って滑り動くことが多いです。

震動につづいて起きるさまざまな現象が被害を拡大します。このなかで、代表的なのが津波と火災です。日本海溝や南海トラフのような、太平洋海底のプレート境界で巨大地震が発生すると、海底の地面に段差が生じて、海水が移動します。これが、津波となって海岸に押し寄せて家々を押し流します。

また、地震直後に火災が発生すると、大きな震災になることがありますが、地震の時間帯や季節が大きく影響します。過去を振り返ると、朝昼晩の食事の準備をしている時間帯の地震で火災が発生することが多く、強風のもとでは火災が一気に拡大します。

液状化現象とは

人が立っておれないような強い揺れで発生するのが液状化現象です。地面が引き裂かれて砂を含んだ水がゴボゴボと流れ出すなど、不思議な光景が展開しますが、最初に注目を集めたのは一九六四年六月一六日の新潟地震です。ちょうど、新潟の国民体育大会が終わった直後で、東京オリンピックがはじまる四ヶ月前の出来事でした。

世界中の人々を驚かせたのは、鉄筋コンクリートの建物たちの奇妙な振る舞いです。そのシンボルとなったのが新潟市川岸《かわぎし》町の県営アパートで、四階建ての建物群がゆっくりと傾き、そのうちの一棟はゴロリと横になりました。

この現象が発生するためには、二つの条件が必要です（図2-1）。

第一の条件は、地面からさほど深くないところに、柔らかい砂の層があることです。「柔らかい」とは、砂粒の間のすき間が大きいことを意味しています。川や海で運ばれた砂の粒子は、水の底にフワッとたまりますから、堆積した直後の砂の層は、粒子の間のすき間が広くなります。そして、長い年月を経るうちに、周囲からの土圧《どあつ》などで、すき間が小さくなって固く締まります。

このように、柔らかい砂層とは、堆積してさほど年月を経ていない「すき間の大きい砂粒たち」ということになります。人間が埋め立てた人工地盤の砂層も柔らかいことが多いです。

第二の条件は、地下水の水位が、その砂層まで達していて、砂粒のすき間が水で満たさ

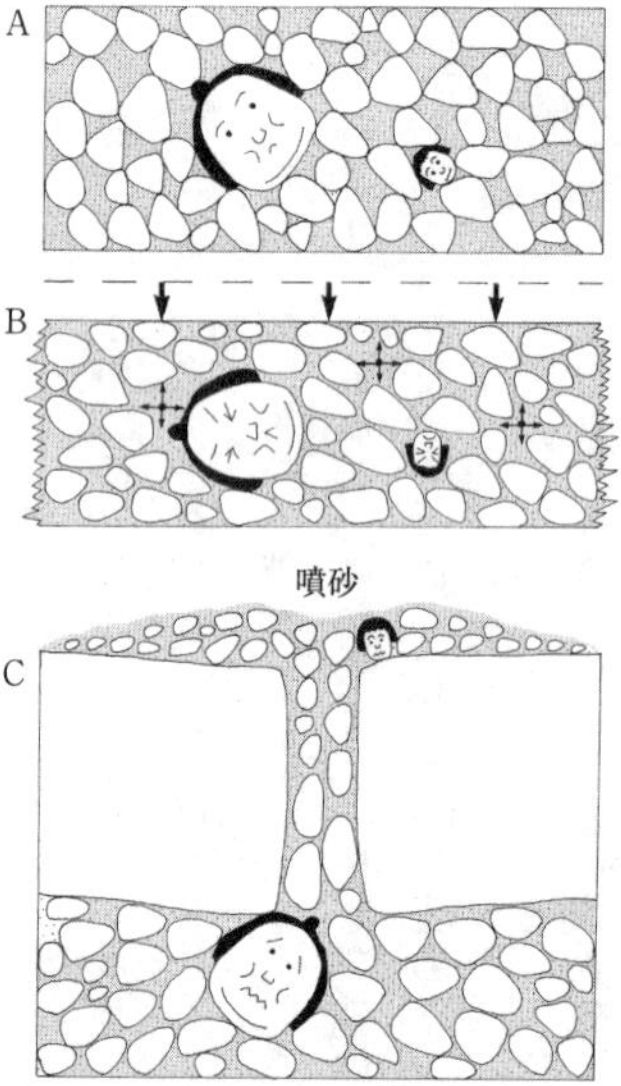

図2－1　液状化現象と噴砂
A：通常の状態での砂粒と地下水（アミで示した）、B：強い地震動によって地層が収縮して液状化現象が発生、C：上を覆う地層を引き裂いて、地下水と砂（噴砂）が地表面に流れ出した。（『地震考古学』中公新書に加筆）

れていることです。図Aは平穏な状態です。地下に堆積した砂粒は、隣の砂粒と、どこかで支えあっていますから、すき間が大きくても安定しています。また、すき間を満たしている地下水もおとなしくしています。

ところが、図Bのように、地震が発生して、人が立っておれないほど揺れると状況は一変します。地下の砂層では、砂粒間の支えがはずれて、それぞれの粒子が動きます。この時に、すき間を小さくして安定するように動くので、砂層の一部が縮みます。

砂層が収縮して粒子のすき間が小さくなると、困るのは、すき間を満たしていた地下水です。急に、圧縮されることになるので、「水鉄砲」の原理で水圧が上がります。

強い揺れのなかで、縮もうとする砂粒に対して、それを押し返そうとする水の力が働くため、不安定で動きやすい状態になります。このように、砂層に液体の性質が備わった状態が「液状化」です。

図Cのように、液状化現象が発生した砂層の上に、水を通しにくい地層が堆積していると、蓋《ふた》の役割をして、水圧の上昇が容易になります。水圧が限界まで高まると、上の地層を引き裂きながら、地下水が地面に向かってゴボゴボと流れ出します。この時に、一緒に流れ出した砂を「噴砂《ふんさ》」といいます。

砂や礫《れき》などの、さまざまな大きさの粒子で構成された地層（砂礫《されき》層）で液状化現象が発生すると、小さくて軽い粒子はスムーズに上昇します。しかし、大きくて重い粒子は、その場、あるいは上昇の途中で取り残されがちです。ですから、小石のような、大きな粒子を含む地層で液状化現象が発生しても、小さな粒子だけが地面に流れ出すことがあります。

また、液状化した砂層が少し傾いている時には、低い方へ動きます。近くに川や溝のように地面を深く掘り下げた空間があると、そこに向かって砂層が流れ動くので、上に乗った地盤も一緒に移動します。ですから、川岸や海岸では、液状化現象の発生とともに、地割れを伴いながら地盤が河川や海に向かって移動することがよくあります。

このような水平方向の動きを「側方流動《そくほうりゅうどう》」といいますが、これによって、地下に埋設したライフラインなどが、曲がったり、引きちぎられたりします。

また、液状化現象によって液体の性質を備えた砂層では、「鉄製の柱」のような比重の大きな物体は沈み、「木の柱」のように比重の小さい物体は浮かび上がります。固い地盤まで基礎を入れていない建物が傾きながら沈むこともありますし、東日本大震災の時の千葉県浦安《うらやす》市のようにマンホールが浮き上がった事例が多く見られます（扉写真参照）。

液状化現象の発掘と地震考古学

激しい地震によって、地面に流れ出した噴砂の高まりを「噴砂丘《ふんさきゅう》」といいます。地面を細長く引き裂いて噴砂が流れ出した場合は山脈、一点から流れ出すと火山のような形になります（写真２－２）。噴砂丘は、雨で流されたり、人間が取り除いたりするので、観察が可能なのは、地震直後のわずかな期間だけです。

阪神・淡路大震災の直後に、六甲山地南麗の海域を埋め立てた西宮浜やポートアイランドなどの人工島で、噴砂丘の中身を観察しました。スコップで立ち割って見ると、砂が流れ出した様子がよくわかります。

今回観察した地域の一般的なモデルを図２－２Ａにしめしました。まず、細かい砂が流

写真2-2　地面を引き裂いて流れ出した噴砂
1995年兵庫県南部地震による液状化現象。

れ出して、広い範囲に薄く堆積しています。その後、粗粒砂《そりゅうさ》や礫《れき》などの比較的大きな粒子を含んだ地層が流れ出して、高まりを形成し、最後に、表面を細かい砂が覆っています。

この図から推測すると、液状化現象が発生してすぐに、地面の割れ目から、細かい砂を含んだ地下水が、勢いよく流れ出して遠くまで広がっています。その後、割れ目を広げながら大きな粒子も流れ出して噴砂丘を形成しました。やがて水圧が下がり、最後の力をふり絞りながら地下水が流れ出しましたが、この時には、小さい粒子だけが運ばれて噴砂丘を薄く覆っています。

図の場合、複数の地層で液状化現象が発生して、最初に細かい砂で構成された砂層から

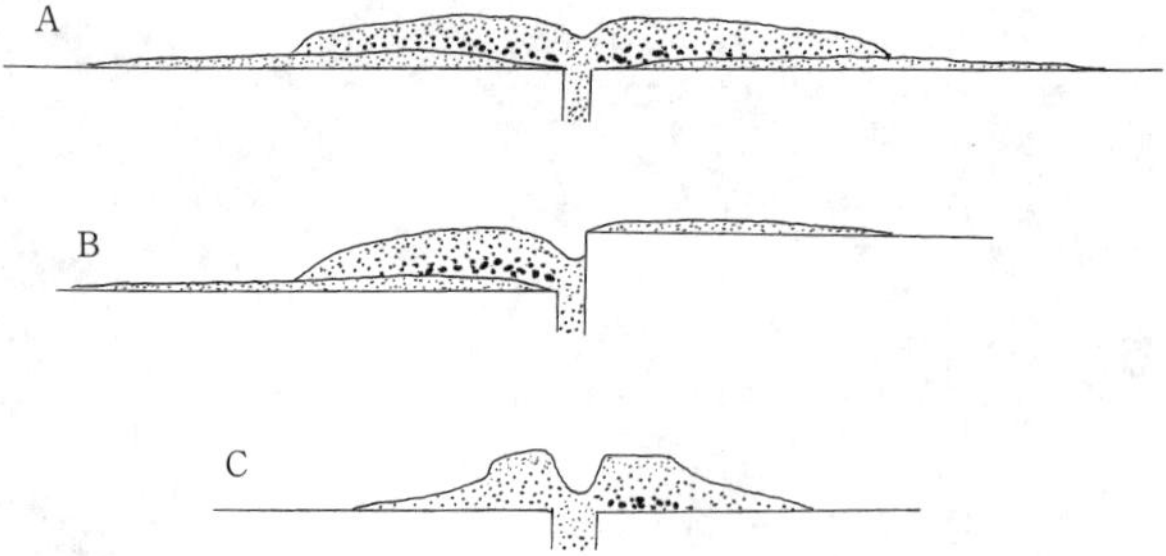

図2-2　噴砂丘の断面
阪神・淡路大震災直後の調査結果をもとに、作成した模式図である。

噴砂が流れ出したようです。次に、大きな粒子を含む砂礫層から礫と砂が流れ出しています。

噴砂の流出とともに、地面が沈むこともあります。図2-2Bでは、割れ目の左側の地面が沈みはじめ、その後は沈降した側にだけ噴砂が堆積しています。火山のような噴砂丘も掘ってみました。図2-2Cでは、最初に大きな粒子が少し流れ出しています。その後、火山の高まりが形成されていますが、この間に、流れ出した粒子は徐々に小さくなっています（写真2-3）。

地震が発生した直後には、地面に流れ出した噴砂を観察することができます。しかし、噴砂がどの深さから昇ってきたか、あるいは、地面の下で砂や地下水がどのように流れ動いたかを知るために、地面を深く掘り下げる必要があります。

私は、ある日、このような研究にもっとも適した場所に気づきました。それは、地震とは一見無関係と思われていた考古学の遺跡発掘現場です。

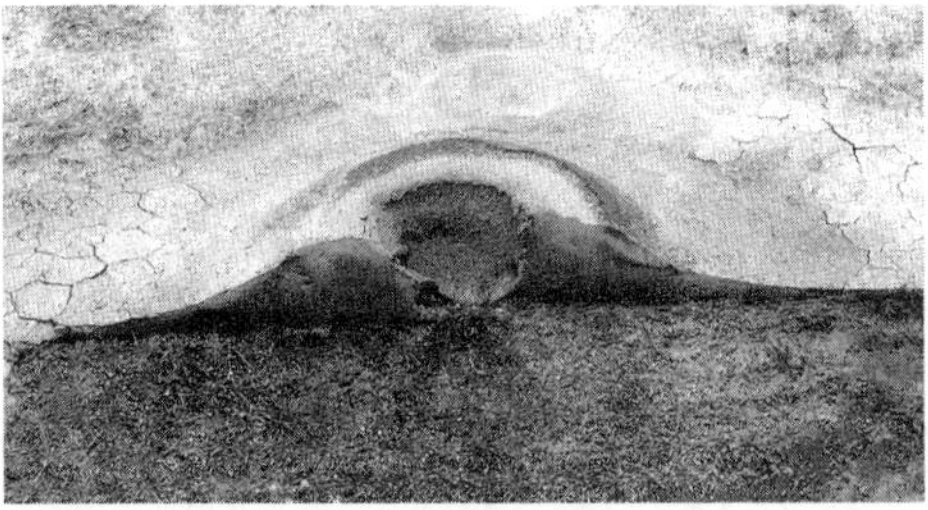

写真2－3　火山のような噴砂丘
1995年兵庫県南部地震による液状化現象で流れ出した筒状の噴砂の断面を観察した。盛り上がった山体の幅は約70cm、高さは約10cmである。

私たちの祖先たちが生活した痕跡が豊富に埋蔵されている場所が、「文化財保護法」によって「遺跡《いせき》」に指定されます。ここには、住居や溝などの「遺構《いこう》」や、皿・茶碗・副葬品・農機具などの「遺物《いぶつ》」が埋まっています。そして、遺跡が、開発などで、やむを得ず壊される場合には、建設工事に先だって考古学の発掘調査が行われます。

日本列島では、各地で遺跡の調査が行われています。この発掘現場で液状化現象などの地震痕跡が見つかった場合、年代のわかる遺構や遺物との前後関係を考えることによって、地震の年代を絞りこむことができます。また、地面を垂直に掘り下げることによって、地層の断面を観察できます。このように、地震痕跡の研究にとって、考古学の遺跡発掘現場は格好のフィールドなのです。

私は、一九八八年の春に、考古学の遺跡で地震痕跡を研究する新しい分野として「地震考古学」を誕生させました（第四章3参照）。そして、現在にいたるまで、各地の遺跡で多くの成果が得られています。

発掘現場でもっとも頻繁《ひんぱん》に目にするのが、液状化現象の痕跡です。これまでの観察結果から模式図を作成しましたが、噴砂の通り道となった、砂の詰まった割れ目のことを「砂脈《さみゃく》」といいます（図2-3）。

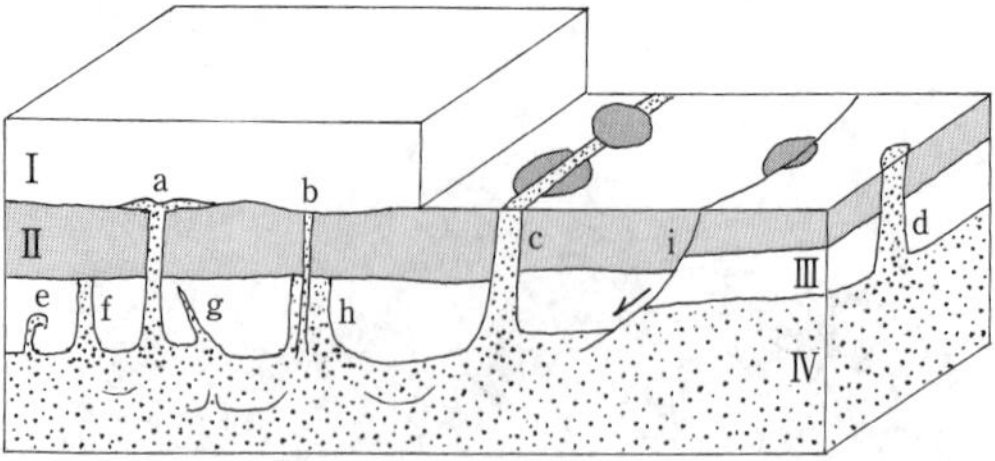

図2-3　遺跡の液状化跡模式図
ドットは砂礫の粒子の大きさを表現している。濃いアミで示したのは遺構。

aは地面に広がった噴砂が保存されたもので、噴砂に覆われるのが地震当時の地表面です。ただし、多くの場合は、b・f・hのように噴砂はなくなっていて、砂脈だけが残っています。砂脈の多くは細長くのびますが、dのように円筒状の砂脈もあります。この他、液状化現象にともなう地滑り（i）も見つかります。また、古い砂脈（h）を新しい砂脈（b）が通り道につかうこともあります。

そして、砂脈が引き裂く地層が地震より前、砂脈を覆う地層が地震より後と考えて、地震の年代を絞りこみます。つまり、年代のわかる遺構や遺物を使って地層の年代を求め、そこから地震の年代を絞りこむのです。もし、砂脈が住居跡などの遺構を引き裂いていると、この住居より後の地震とわかります。逆に、遺構が砂脈の上にあったら、遺構より前の地震とわかります。

この図では、液状化した時期が二回、つまり、Ⅲ層堆積後でⅡ層堆積前、そしてⅡ層堆積後でⅠ層堆積前です。もし、これに該当する地震について書かれた史料が見つかれば、その記述から、地震の年月日時刻などがわかります。

噴砂は、地面まで到達できるとは限りません。途中で力つきる場合もありますが、e・gはその例です。このような砂脈の年代については、引き裂いた地層より後に地震が発生したことだけがわかります。

崩壊と地滑り

山地や丘陵が激しく揺れると、斜面が崩壊したり滑り落ちたりします。

崩れ落ちた岩屑《がんせつ》や土砂が、集落をまるごと呑みこんだ代表的な例が、戦国時代末期の天正《てんしょう》地震です。一五八六年一月一八日に中部地方と近畿《きんき》東部を襲った大地震ですが、激しい揺れによって、世界遺産の「合掌造《がっしょうづく》り」で有名な白川郷《しらかわごう》にある帰雲山《かえりくもやま》の西側斜面が一気に崩壊しました。そして、庄《しょう》川を越えて対岸まで押し寄せた土砂が、川沿いに築かれていた帰雲城と、城下にあった三〇〇の家々を埋めつくしたのです。

崩壊や地滑りで川がせき止められて、湖ができることがあります。一八四七年に現在の長野県で発生した善光寺《ぜんこうじ》地震や、その一一年後に富山県で起きた飛越《ひえつ》地震などでも大きな湖が生じました。一六八三年に栃木県を襲った日光《にっこう》地震では、下野《しもつけ》街道と五十里《いかり》宿が湖底に没したため、当時の交通網が分断されて大きな混乱を招きました。

一瞬にして生まれたせき止め湖は不安定で、次の災害を招きます。実際、地震によって生まれた湖は、やがて決壊して大洪水を引き起こしました。

もっとも一般的に見られる地滑りの形を、図２－４にしめしました。地盤が滑り動く境界が滑《すべ》り面《めん》ですが、地山《じやま》（自然の地盤）と人工の盛土の境界や、水を含みやすくて柔らかい地層などが滑り面になります。地滑りで生じた崖地形を滑落崖《かつらくがい》といいますが、滑り落ちた地盤が離れるように移動するので、滑落崖に沿って地面が口を開き、そこに水が溜まると池や湿地になります。

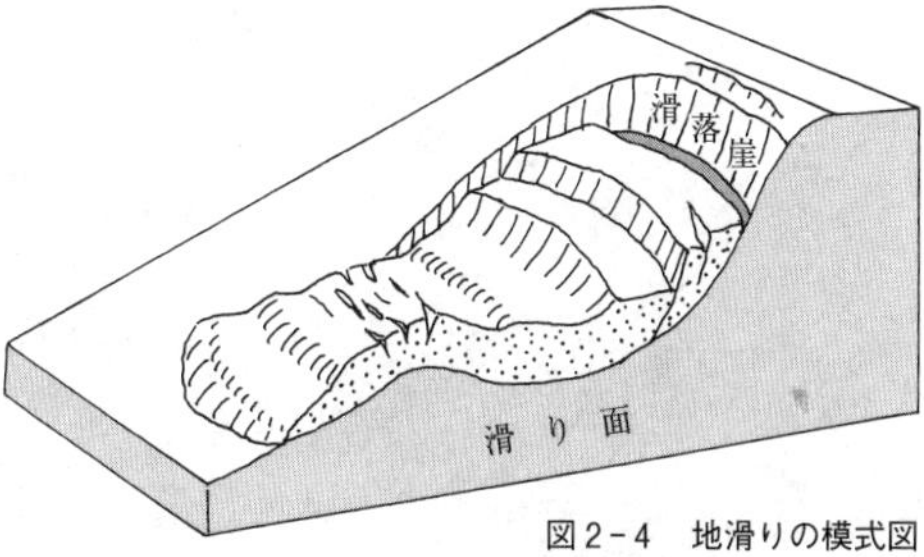

図２－４　地滑りの模式図

滑落崖の平面的な形は、直線的ではなくて、ゆるやかな円弧を描いています。滑り落ちた地盤の先端は盛り上がりますが、地滑りの進行方向が崖の場合には、落下して、この部分が失われます。

地滑りについて、じっくりと観察できる場所があります。それは、日本の考古学のシンボルともいえる「古墳」です。実は、古墳の発掘調査で、地滑りの痕跡が見つかることが多いのです。

明日香《あすか》村教育委員会が調査したカヅマヤマ古墳は、古墳時

写真2－4　カヅマヤマ古墳の地滑り跡
地震動によって古墳の南半分が垂直方向に約2m滑り落ちた（明日香村教育委員会発掘）。

代終末期（七世紀後半）の古墳です。二〇〇五年に行われた発掘調査では、結晶片岩《けっしょうへんがん》の石材を積み重ねて漆喰《しっくい》で固定した美しい石室《せきしつ》が姿を現しました。

この古墳は、盗掘によって墳丘の南半分の盛土が取り除かれ、石室内部の副葬品《ふくそうひん》だけでなく、石材の一部が持ち去られていました。そして、盗掘後に襲った、地震の激しい揺れによって、石室の南半分が滑り落ちたのです（写真2－4）。盗掘によって傷つけられ、耐震性が低下したところを襲った地震によってダメージを受けたわけです。

盗掘者たちは、一三世紀から一四世紀前半までに作られた土師皿《はじざら》を残していますから、地滑りの原因となった地震は一四世紀以降です。また、地滑りが発生した後にも盗掘が行われており、この時は、一五世紀の遺物を残しています。このようにして、地震の年代を一四世紀頃に絞りこむことができます。

大阪府高槻市《たかつき》の今城塚《いましろづか》古墳は六世紀前半に築造された巨大な前方後円墳で、継体《けいたい》天皇の陵墓であることが確実視されています。しかし、運悪く活断層の直上に築かれたため大きな被害を受けました。

この活断層は大阪平野北縁を限る有馬《ありま》―高槻断層帯という活断層のグループに属しており、著者が学生時代に見つけて安威《あい》断層と名付けました。有馬―高槻断層帯は、豊臣秀吉の時代の一五九六年九月五日に活動して「伏見《ふしみ》地震」を引き起こしました（第四章4参照）。この時に、すさまじい震動によって、墳丘の大半が滑り落ちてしまったのです。滑り落ちた盛土に覆われた地層に含まれていた植物の種子が、一五世紀中頃の年代（放射性炭素年代値）をしめしていました。

古墳の場合、地滑りで滑り落ちた盛土や石材が覆っている地層の年代がわかると、地震の年代を絞りこむことができます。また、地滑りの直前・直後に盗掘が行われた場合、盗掘者の残した遺物から地震の年代が推定できます。

津波と火災

地震につづいて発生する現象のなかで、津波と火災は甚大な被害を引き起こします。東日本大震災でも、津波によって多くの尊い命が奪われましたが、南海トラフからくり返し発生した東海地震や南海地震でも、犠牲者の多くは津波に襲われた人たちです。また、地震直後から燃え広がった火が死者・行方不明者約十万数千人という大惨事を引き起こしたのが関東大震災です。

津波は、地震によって海底の地面が隆起・沈降するときに生まれます。太平洋海底のプレート境界から発生する大きな地震では、ほとんどの場合、沿岸に津波がやってきます。海底が盛り上がったり沈んだりすると、その上の海水が移動します。その時の動きが、海のなか全体に伝わって行くことになります。たとえば、一九六〇年に南アメリカのチリ沖で発生した地震（M９・５）の場合、震源域で生じた海水の動きが、隣へ伝わりながら、二二時間後に日本に達しました。地震が生じた場所にあった海水が、直接、やって来るのでなく、隣へ隣へと影響して、これほど遠くまで伝わったのです。

津波の速度は、水深が深いほど速く、太平洋ではジャンボジェット機ほどの速さになることもあります。そして、沿岸に達すると、深い位置の海水が行き場を失って速度が落ち、水が上に向かいます。ですから、水深が浅くなるほど、津波の速度が落ちて波が高くなります。

沿岸にやってきた津波は、ひたすら、まっすぐに進むわけではありません。海底に浅い場所があると、そこで速度が落ちて、浅い方に向かって曲がります。また、前方に湾や川があると、そこに向かって水が集まりますから、速度が落ちて一気に高さを増します。

多くの場合、海底を震源とした大きな地震の強い揺れに引きつづいて、津波が押し寄せます。しかし、地震の揺れをほとんど感じなかったのに津波だけがやってくる事例も少なくありません。たとえば、一八九六年に三陸沿岸を襲った明治三陸地震津波では、ごくわずかな揺れを感じた後に、大津波が押し寄せました。たとえば、地震の時の地盤の食い違いがゆっくり進行した場合、地震の揺れはゆるやかになりますが、海底には段差が生じるので、地震の規模に応じた津波が押し寄せます。

海底にある活断層の活動によって段差が生じた場合にも、津波が起きます。たとえば、一五九六年に九州の別府湾の海底で地震が発生した時には、湾内の陸域に大きな津波が押し寄せました。

地滑りで滑り落ちた大量の岩石や土砂が海に流れこんだときにも、海水が押されて津波が生じます。一七九二年に島原半島の前山が地震で崩れ落ちて、有明海に面して対岸にある肥後藩の海岸に津波が押し寄せました。

また、地震直後の火災が被害を拡大します。過去の事例を見ると、火災の発生は、食事の準備をしている時間帯などと関係があります。最近二〇〇年間の大地震でも、一八二八年の越後三条《えちごさんじょう》地震や一八九一年の濃尾《のうび》地震は朝食、一九二三年の大正関東《たいしょうかんとう》地震は昼食、一九二七年の北丹後《きたたんご》地震や一九四三年の鳥取《とっとり》地震などは夕食の時間帯に重なって火災が広がりました。

その他、火を使う冬の季節は火災の危険性が高まります。また、一八四七年の善光寺《ぜんこうじ》地震は、御本尊ご開帳の時期の夜に地震が起きたため、多くの旅人でにぎわう旅籠《はたご》から火が出て大惨事となりました。

大正関東地震の場合は、運悪く、台風のシーズンでした。ちょうど日本海沿岸を台風が北上していたので、関東も強い風が吹いていました。このため、各地で発生した火災の炎が、旋風《せんぷう》を巻き起こしながら燃え広がって、東京・横浜の大半を焼きつくしたのです。

燃えさかる火は空気中の酸素を消費し、まわりから空気を取りこみます。この時に、熱した空気と炎が上昇することによって旋風になります。この時の速さは秒速一〇〇メートルにも達し、さまざまな物体や人間までが上空に運ばれます。さらに旋風は空気のある方向へ向かって移動しますから、被害地域がどんどん広がります。

津波や火災の痕跡も、考古学の遺跡に姿を現します。最近では、津波によって運ばれた砂の層が遺跡のなかで見つかる事例が増えています。この場合、砂層が覆う地層が地震の前、砂層を覆う地層が地震の後と考えて年代を絞りこむことができます。

火災によって建物が焼け落ちた焼土層は、考古学の年代決定にとって有効な指標です。まず、焼土層は見分けやすいですし、焼土のなかに含まれた当時の遺物から年代が限定できます。そして、火災に関する文字記録から火災の年月日や時刻までわかることが少なくありません。

火災と地震が同時に遺跡で確認されることも少なくありません。一例として、前述の伏見地震では、兵庫（現在の神戸）で家が倒れて、直後の火災で燃えてしまったことが記録されていますが、実際に、神戸市教育委員会が調査した兵庫津《ひょうごのつ》遺跡の発掘調査で地震による焼土の痕跡が発見され、その直下まで噴砂が上昇していました。

第三章

繰り返す海溝型巨大地震

地震考古学で読み解く①

安政南海地震の後に濱口梧陵が築いた広村の堤防。

1 日本書紀と南海地震――大和政権を驚かせた地震と大津波

朝鮮半島では、四世紀頃から高句麗《こうくり》・百済《くだら》・新羅《しらぎ》の三国が対立していましたが、西暦六六〇年に唐と新羅が百済に攻めこんで国王（義慈王《ぎじおう》）を捕虜にしました。百済の救援を決意した倭国（日本）の女帝斉明《さいめい》天皇は、武器を準備して船で西に向かいましたが、伊予《いよ》の熟田津《にぎたづ》石湯行宮《いわゆのかりみや》（愛媛県の道後《どうご》温泉）を経て、九州の朝倉宮《あさくらのみや》（福岡県朝倉市）に着いた直後に亡くなりました。

斉明天皇の皇太子である中大兄皇子《なかのおおえのおうじ》は、倭国で人質になっていた王子の扶余豊璋《ふよほうしょう》を祖国に帰して百済王にするとともに、大軍を送って唐・新羅連合軍と戦いました。しかし、六六三年の「白村江《はくそんこう》の戦」で惨敗して百済は滅びました。

中大兄皇子は六六八年に近江の大津で即位して天智《てんじ》天皇となりました。彼の死から半年後の六七二年に、弟の大海人皇子《おおあまのみこ》（天武《てんむ》天皇）が、天智の子の大友皇子《おおとものみこ》を倒して（壬申《じんしん》の乱）、飛鳥浄御原宮《あすかのきよみはらのみや》で即位しました。

天武天皇の時代に『日本書紀』の編纂がはじまり、七二〇年に完成しました。この日本最古の歴史書に、天武一三年一〇月一四日（六八四年一一月二九日）に起きた地震について書かれています。

人定《いのとき》（午後一〇時頃）に大きな地震があった。国中の男も女も叫びあい逃げまどった。山は崩れて河はあふれた。諸国の郡の官舎や人々の家屋や倉庫、神社や寺院の破壊されたものは数知れず、人や家畜の被害は多かった。伊予湯泉（道後《どうご》温泉）は湯が出なくなった。土佐国では五十余万頃《しろ》（約一〇平方キロ）の田畑が沈んで海になった。古老は「このような地震は、これまでになかった」といった。（中略）一一月三日に、土佐国司が「高波が押し寄せ、海水がわき返って、調《みつぎ》（税）を運ぶ船がたくさん流失しました」と報告した。

畿内や四国が激しく揺れて、太平洋沿岸に津波が押し寄せ、高知平野が沈んで、道後温泉の湯が出なくなるのは、南海トラフ（第一章参照）の西半分から発生する南海地震の特徴です。

一九四六（昭和二一）年に発生した昭和南海地震でも、高知平野が広い範囲で沈降して、約九・三平方キロが海水に覆われました。さらに、道後温泉では一〇メートル余り水位が下がっています。

このようにして、六八四年一一月二九日に南海地震が発生したことがわかりますが、白鳳《はくほう》時代の出来事なので「白鳳南海地震」と呼ばれています。

白鳳南海地震によって、大きな揺れが長くつづいたはずです。そして、この産物と考えられる液状化現象の痕跡が、和歌山県の北部を西に流れる紀ノ川《きのかわ》流域に姿を現しました。

紀ノ川下流の北岸で、地盤の軟弱な低地にある川辺《かわなべ》遺跡(現・和歌山市)。和歌山県文化財センターが発掘調査を行った時に、最大幅が三四センチで、東北東―西南西方向にのびる複数の砂脈が見つかりました。この砂脈の一部が、六世紀末から七世紀前半までの建物跡を引き裂き、直後に堆積した粘土層に覆われていたので、七世紀後半を含む年代となって白鳳南海地震に対応します。

斉明天皇は土木工事が大好きでした。『日本書紀』の六五六(斉明二)年条に後飛鳥岡本宮《のちのあすかのおかもとのみや》(現在の奈良県明日香村岡)を築いたことが書かれていますが、この時に多武峰《とうのみね》の頂上を取り巻く垣を作り、二本の槻の木の近くに両槻宮《ふたつきのみや》という高殿を作っています。また、香久山《かぐやま》から石上山《いそのかみやま》までの間に溝を掘らせ、舟二〇〇隻に石上山の石を積み、流れを下って岡本宮の東の山に石段を積み上げました。

このような大工事について、当時の人たちは「たわむれ心の溝工事。むだな人夫を三万余。垣造りのむだ七万余。宮材は腐り、山頂はつぶれた」と非難し、「石の山岡をつくる。つくった端からこわれるだろう」と嘲笑《ちょうしょう》しました（『日本書紀』）。

一五〇〇年の歳月を経た後、明日香村教育委員会による酒船石《さかふねいし》遺跡の発掘調査で、斉明天皇が丘の斜面に積み重ねた石垣が発見されました。石垣が積まれた斜面は、約一二センチの幅で引き裂かれており、石垣は「だるま落とし」のように、まんなかの段の石が飛び出していました。崩れた石垣を覆う地層に含まれる遺物の年代などから、白鳳南海地震に合致する年代の地震痕跡とわかりましたが、当時の人々が囁《ささや》きあっていたことが、現実になったのです。

白鳳南海地震は文字記録から知ることのできる最古の南海地震です。そして、ほぼ同じ頃に、東海地域も激しく揺れた証拠が、浜名《はまな》湖から約三キロ東の低地に残されていました。

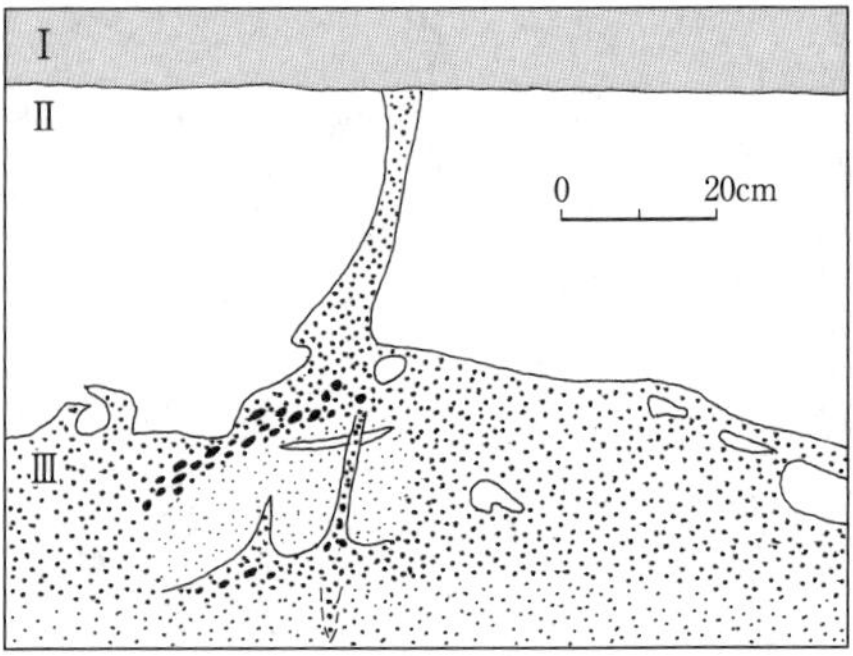

図3－1　坂尻遺跡の液状化跡
Ⅰ層：8世紀初頭以降の地層、Ⅱ層：7世紀中頃以前の地層、Ⅲ層：液状化現象が発生した砂礫層。白抜きで示したのは粘土、ドットは砂や礫の粒子の大きさを示している。

一九八九年に静岡県埋蔵文化財調査研究所が行った袋井市の坂尻《さかじり》遺跡で、六世紀末から七世紀初頭までの竪穴住居跡や七世紀中頃の地層を引き裂き、八世紀の地層に覆われる砂脈が見つかりました。

翌年に袋井市教育委員会が行った坂尻遺跡の調査では、二十数本の砂脈が発見されています（図3－1）。砂脈は、七世紀中頃の複数の竪穴《たてあな》住居の床面を引き裂いていましたが、カマドが上下に食い違った住居跡もありました。

八世紀になると、この上に新しい建物が作られました。墨で「駅」と書かれた土器（墨書《ぼくしょ》土器）が見つかったことから郡衙《ぐんが》と考えられています。この建物跡が砂脈を覆っていたので、七世紀後半に地震があったことがわかります。

駿河湾の西岸で静岡市内の低地にある川合《かわい》遺跡でも、静岡県埋蔵文化財調査研究所の調査で、幅数センチの砂脈が何本か見つかりました。砂脈は、七世紀中頃の住居の柱穴にたまった粘土を引き裂いていましたが、八世紀に建てられた住居の柱穴は、逆に、砂脈を壊していました。

愛知県一宮市の田所《たどころ》遺跡で行われた愛知県埋蔵文化財センターの調査でも、七世紀中頃の水田を引き裂いた噴砂が、当時の地面に広がっており、これが八世紀から九世紀にかけての遺構に削られていました。

川合・坂尻・田所の各遺跡で見つかったのは七世紀後半頃の地震痕跡です。『日本書紀』に書かれた白鳳南海地震と同じ頃に、駿河湾から濃尾平野までの広い地域が大きく揺れたことがわかります。

2　空白の地震を探る——海溝型巨大地震の二〇〇〇年史

駿河湾から四国沖までの太平洋海底に細長くのびる南海トラフでは、フィリピン海プレートが、ユーラシアプレートの下に潜りこんでいます。

図3-2-1では、南海トラフを、西からA～Eと五つに区分していますが、A・Bで

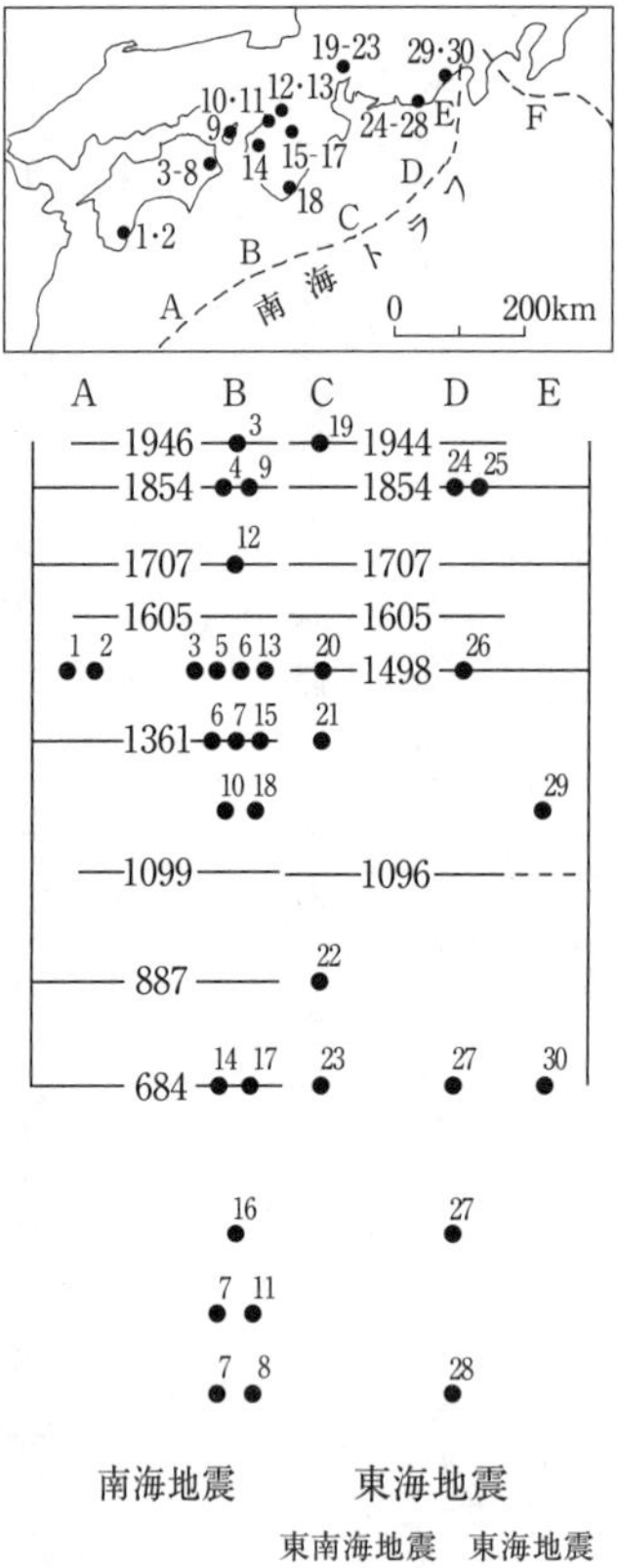

図3-2-1　南海トラフの地震年表
西暦で示したのは史料から求めた地震の発生年。数字で示したのは遺跡で見つかった。地震痕跡で、上の図の●は遺跡の位置、下の図の●は地震痕跡の年代を示す。
1 アゾノ、2 船戸、3 宮ノ前、
4 神宅、5 古城、6 中島田、
7 黒谷川宮ノ前、8 黒谷川郡頭、
9 志筑廃寺、10 石津太神社、
11 下田、12 池島・福万寺、
13 瓜生堂、14 川辺、
15 カヅマヤマ古墳　16 赤土山古墳、
17 酒船石、18 川関、19 東畑廃寺、
20 尾張国府跡、21 門間沼、
22 地蔵越、23 田所、
24 御殿二之宮、25 袋井宿、
26 元島、27 坂尻、28 鶴松、
29 上土、30 川合
（1～30は遺跡名）

起きるのが南海地震、東のC～Eで起きるのが東海地震です。一九四四年にC・Dから発生した地震が東南海地震と名付けられました。この時に破壊がおよばなかったEに東海地震が想定されているので、C・Dを東南海地震、Eを東海地震と細分する表現も併記しています。

図の縦軸は年代をしめしていますが、東海地震や南海地震が発生した年が、文

字記録から明らかになっているものを、図中に西暦年で書き入れています。このなかでもっとも古いのは、第三章1で紹介した六八四年の白鳳南海地震です。

この図を見ると、江戸時代以降は、東海地震と南海地震がほぼ同時に発生していることがわかります。

たとえば、一六〇五年の地震は、地震の揺れが小さくて、津波だけが押し寄せるという「津波地震」でしたが、南海トラフから発生したと考えられています。

また、一七〇七（宝永四）年にはAからEまでの広い範囲から東海地震と南海地震が同時に発生して「宝永地震」と呼ばれていますが、地震規模（M：マグニチュード）は8・6前後でした。一八五四（嘉永《かえい》七・安政《あんせい》元）年は、C〜Eから安政東海地震、その翌日にA・Bから安政南海地震が発生していますが、ともにM8・4程度の地震規模です。もっとも新しいのは、一九四四年の東南海地震（M7・9）と、二年後の昭和南海地震（M8・0）ですが、どちらも、一七〇七年や一八五四年に比べて、かなり小さな地震規模でした。

このように、最近の四回では、南海トラフの東半分と西半分から、九〇〜一五〇年の間隔で地震が発生しています。ところが、それより前では、文字記録からわかる地震が極端に少なくなり、あたかも、江戸時代になってから、南海トラフで頻繁に巨大地震が起きるようになったような印象を与えます。

しかし、これは当然の話で、江戸時代より前は、文字記録が少ないので、地震が起きていても、史料として残っていないことが原因です。

前述のように、静岡県から愛知県にかけての遺跡では、七世紀後半に激しく揺れたことをしめす液状化現象の痕跡が見つかっています。このことは、『日本書紀』に記述されてはいませんが、白鳳南海地震に対応するような東海地震の存在をしめしています。ですから、この時には、東海地震と南海地震がほぼ同時、あるいは、連続して発生したと考えられます。

一方、近衛《このえ》政家《まさいえ》の『後法興院記《ごほうこういんき》』などから、一四九八（明応《めいおう》七）年に明応東海地震が発生したことがわかります。しかし、南海地震で大きな被害を受けるはずの四国で、この年代の地震の記録が見つかっていません。逆に、一三六一（正平《しょうへい》一六）年に正平南海地震が発生したことが、法隆《ほうりゅう》寺の『斑鳩嘉元記《いかるがかげんき》』などからわかりますが、東海地震をしめす記録がありません。

南海地震に関しては、一〇九九年と一三六一年、一三六一年と一六〇五年の間隔が、それぞれ二六二年・二四四年となって、通常の二倍の間隔になります。発生間隔が極端に長くなる場合もあるのでしょうか？　それとも、文字記録として残っていない南海地震が存在したのでしょうか？

まず、四国の南西部の四万十市にあるアゾノ遺跡の例を紹介します。清流で知られる四万十《しまんと》川の支流である中《なか》筋《すじ》川南岸に位置しており、高知県教育委員会が発掘調査を行った時に、川岸に沿って幅二〜五センチ前後の細長い砂脈が何本も並行することがわかりました。

砂脈の場所を掘り下げると、当時の地面から約一・八メートルの深さに堆積した砂層で液状化現象が発生していました。そして、一一世紀から一五世紀まで、人々が生活しつづけていた期間に堆積した地層を引き裂いた噴砂が、一五世紀末頃の地表面に流れ出していたのです。

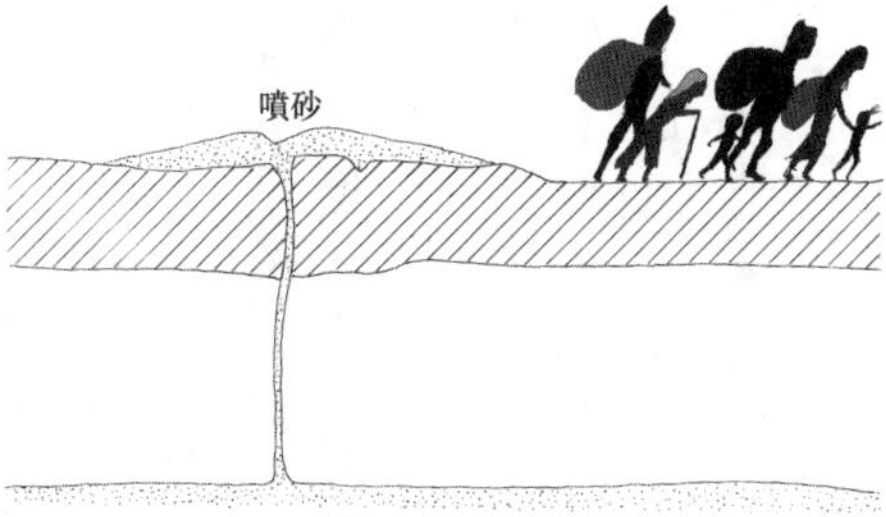

図3-2-2　アゾノ遺跡の液状化跡

斜線で示したのは11世紀から15世紀末までの間に堆積した地層、地震の後で人々は移転した。

そして、噴砂が地面を覆った後に堆積した地層には、人間が生活した痕跡が認められませんでした。つまり、ここで約五〇〇年間暮らしつづけていた人々が、一五世紀の終わり頃の地震で被害を受けて、どこかへ引っ越したのです（図3-2-2）。

四国東部にある徳島県板野郡《いたの》でも、同じ年代の地震痕跡が見つかりました。讃岐《さぬき》山脈の南側に沿って東に流れるのが「四国三郎」と呼ばれる吉野川です。北岸の低地にある宮ノ《みやの》前《まえ》遺跡では、一四世紀後半から一六世紀初頭まで存続していた集落と、そのまわりの溝について、徳島県教育委員会が発掘調査を行いました。その過程で、溝の内部に厚く堆積した粘土を引き裂いて、噴砂が流れ出した痕跡が見つかり、その年代が一五世紀末頃とわかりました。

宮ノ前遺跡周辺の複数の遺跡でも、同じ年代の液状化跡が見つかりました。また、大阪平野東部の東大阪市にある瓜生堂《うりゅうどう》遺跡でも、一五世紀の終わり頃の液状化跡が顔を出しています。このようにして、四国や大阪平野が大きく揺れるような地震（南海地震）が発生したことがわかりました。

一方、文字記録からわかる一四九八年の明応東海地震については、磐田《いわた》市の元島《もとじま》遺跡や愛知県稲沢《いなざわ》市の尾張国府跡で液状化跡が見つかっています。このように、一四九八年頃に、東海地震と南海地震が発生した可能性が高いと考えられます。

一方、大阪府堺市立埋蔵文化財センターが調査した石津太神社《いわつたじんじゃ》遺跡では、一三世紀はじめ頃の地層を引き裂いて、一三世紀中頃の溝に削られる液状化の跡が見つかりました。一三世紀初頭に大阪平野が強く揺れたことをしめしています。

さらに、紀伊半島南端の那智勝浦《なちかつうら》町にある川関《かわぜき》遺跡では、和歌山県文化財センターの調査で一二世紀後半の倉庫跡が姿を現しました。大きな倉庫ですが、なぜか、一三世紀になってすぐに、新しい倉庫に建て直されていました。この理由は地震でした。古い倉庫跡の周囲には、地面を引き裂いて砂や小石が上昇した痕跡が見つかり、地震の被害にあったことがわかりました。

倉庫が建設されて間もない時期に地震で被害を受けて、新しい倉庫に建て替えたようです。地震の年代は一二〇〇年前後ですが、石津太神社遺跡の痕跡とあわせて考えると、この頃に南海地震が発生した可能性が高いと思います。

東海地震の場合、一四九八年の明応東海地震の前は、藤原宗忠《むねただ》の『中右記《ちゆうゆうき》』などに書かれた一〇九六年の永長《えいちょう》東海地震だけです。ただ、愛知県の門間沼《かどまぬま》遺跡で一四世紀、地蔵越遺跡で九世紀後半の液状化跡が見つかっており、一三六一年と八八七年の南海地震との対応が考えられます。

このように、南海トラフでは、東海地震と南海地震が同時、あるいは、連続して、ある程度規則的な間隔で、発生してきたように思います。

文字記録のない時代にも南海トラフから発生した地震の産物と考えられる痕跡が見つかっています。

図3-2-3は徳島県板野郡の宮ノ前遺跡の北隣にある黒谷川宮ノ前《くろだにがわみやのまえ》遺跡の液状化跡です。砂層から四本の砂脈（a〜d）が上昇していますが、それぞれ年代が異なっています。図には二層の水田耕作土がありますが、古い水田は弥生時代後期中頃、新しい水田は弥生時代後期末です。aの砂脈は古い耕作土に削られており、この水田が耕作される直前（二世紀前半）の地震の産物です。bの砂脈は新しい耕作土の上に流れ出しており、この直後から水田が放棄されますが、この年代は、弥生時代から古墳時代に移り変わる三世紀のはじめから中頃にかけての期間です。

また、cの砂脈は古墳時代の地層のなかで削られていて、古墳時代の地震痕跡ですが、詳しい年代は不明です。cを通り道にして細い砂脈dが上昇していますが、これは一三六一年の正平南海地震に対応する年代とわかりました。

すぐ東にある黒谷川郡頭遺跡や、静岡県袋井市の鶴松遺跡で、aの砂脈と同じ年代の液状化跡が見つかっています。また、大阪府堺市の下田遺跡では、bの砂脈と同じ年代の液状化跡が掘り出されました。

この他、古墳時代前期と中期の境界にあたる西暦四〇〇年頃の液状化跡が、袋井市の坂尻遺跡で見つかっています。同じ頃、奈良県天理市の赤土山古墳の墳丘と埴輪列が、この古墳が造られた直後の地震で滑り落ちたことがわかっています。

大阪平野北部の新方《しんぼう》、郡家《ぐんげ》

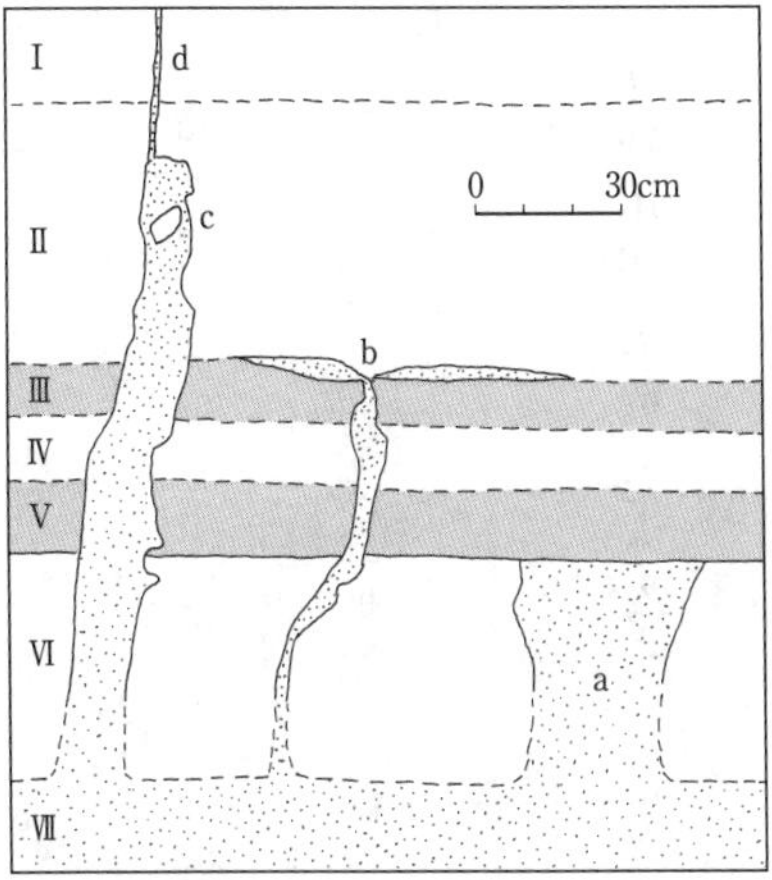

図3-2-3　黒谷川宮ノ前遺跡の液状化跡（『地震考古学』中公新書に加筆）
a～dは砂脈を示す。
Ⅰ層：6世紀以降の遺物を含む地層、Ⅱ層：無遺物の粘土、Ⅲ層：新しい水田耕作土、Ⅳ層：粘土、Ⅴ層：古い水田耕作土、Ⅵ層：粘土、Ⅶ層：砂層

（神戸市）、高畑町《たかはたちょう》（西宮市）、新池《しんいけ》（高槻市）の各遺跡で五世紀末から六世紀中頃にかけての小規模な地震跡が見つかっており、これが南海地震の痕跡という可能性もあります。

淡路島南東部の洲本市にある下内膳《しもないぜん》遺跡では、弥生時代Ⅲ期の方形周溝墓《ほうけいしゅうこうぼ》の墳丘と溝に堆積した粘土が砂脈に引き裂かれていました。この砂脈はⅣ期はじめの水田耕作土に削られていたので、紀元前一世紀の地震の産物です。これも南海トラフの巨大地震の痕跡である可能性が高いです。

3 徳川綱吉を襲った大ナマズ——南海トラフ最大の巨大地震

元禄関東地震

江戸幕府の五代将軍徳川綱吉は、「生類憐《しょうるいあわれ》みの令」を出したことで知られています。その彼は、犬だけでなく、「ナマズ」とも切っても切れない深い縁があったようです。

徳川綱吉が治めていた元禄時代には、赤穂浪士《あこうろうし》四七名が吉良上野介《きらこうずけのすけ》を討つという衝撃的な事件が起きました。その翌年の一七〇三年一二月三一日午前二時頃（元禄一六年一一月二三日丑刻）に、関東地方の南部が激しく揺れました。

綱吉の信頼が厚かった側用人《そばようにん》柳沢吉保《よしやす》の実録『楽只堂年録《らくしどうねんろく》』によると、柳沢吉保・吉里《よしさと》父子は、地震が起きてすぐに江戸城に登城しましたが、大手の堀の水が激しく揺れて、橋の上まであふれ出していました。常盤橋《ときわばし》・神田橋《かんだばし》・一橋《ひとつばし》・雉子橋《きじばし》・外桜田《そとさくらだ》・半蔵《はんぞう》などの門の石垣は傾いたり崩れたりしており、大名・旗本の屋敷や寺院・民家が倒れていました。被害は武蔵《むさし》・相模《さがみ》・安房《あわ》・上総《かずさ》・下総《しもうさ》・伊豆《いず》・甲斐《かい》国におよびましたが、安房・相模国が顕著でした。とくに小田原では、城が崩れて火事になり、寺院・民家のほとんどが失われました。

江戸幕府の警護・探偵を担う「徒目付《かちめつけ》」だった千坂氏の覚書によると、大地が雷のように鳴り響くとともに、大きく揺れはじめて、戸障子は倒れ、家々は小舟が大波に動かされるように上から下へと動かされ、人々は家の外へ逃げ出したものの、立っていることができませんでした。そして、津波が品川（東京湾）まで押し寄せています。

京都にある下鴨神社神官の梨木祐之《なしのきすけゆき》は、江戸を出発して京都に向かってすぐ、戸塚宿（現・横浜市内）で地震に襲われました。『祐之地震道記《ゆうしじしんどうき》』に、この時の様子が詳しく書かれているので、その一部（現代語訳）を紹介します。

戸障子や小壁が崩れかかったが、起きあがることができず座敷を這《は》った。立ち上がろうとすると、足を踏ん張れなくて横に倒れた。戸障子を踏み破って庭へ飛び降りると、後ろの山も崩れていた。塀の穴戸《あなと》から隣家の裏に逃げると、もう隣の家も倒れていた。

翌日聞いた話では、鎌倉の円覚寺《えんがく》門前では二〇〇軒くらいの住家がみなつぶれていて、本堂や拝堂の地面が裂けて泥水が湧き出した。建長寺では山が崩れて御堂が一つ埋もれた。

二六日に大磯《おおいそ》宿に泊まったが、この駅でも五〇人余が圧死し、津波が押し寄せたので宿中の男女が裏山に逃げて仮小屋でしばらくすごした。

この翌日、酒匂《さかわ》川は土橋が崩れ落ちていたので、徒渉《としょう》の人夫を雇って川を渡り、小田原にさしかかると、小田原城も宿も火事で焼けて、人と馬の骸骨が散乱して目も当てられぬ有様だった。小田原宿では一六〇〇人程が命を失い、海に逃れた人も津波にさらわれたそうだ。

二八日に通過した湯本《ゆもと》では山が崩れて巨石が道をふさいでいたので、木の根などにつかまりながら昇った。三嶋《みしま》駅で聞いた話では、津波で多くの人家がさらわれて、熱海《あたみ》では五〇〇軒のうちで残ったのは一〇軒ほどだった。

この地震は、相模湾に沿う海底のプレート境界（相模トラフ）から発生した、M8・2前後の巨大地震で、「元禄関東地震」と呼ばれています。激しい揺れとともに、房総半島の南端が約四・四メートル隆起し、半島の南部が南ほど高くなるように傾きました。また、房総半島の犬吠埼から伊豆半島南端の下田までの範囲が、大きな津波に襲われて、安房小湊で五七〇軒、御宿で四四〇軒、下田で五〇〇軒近くが流されています（図3－3－1）。

江戸では、地盤のよい山の手の台地にあった大名屋敷の被害は少なかったですが、地盤の軟弱な低地にある下町が大きな被害を受けました。

東京都埋蔵文化財センターが発掘した国鉄（現・JR東日本）の旧汐留《しおどめ》貨物駅跡地内遺跡は、明治時代の鉄道唱歌に「汽笛一声新橋を、はや我が汽車は」と歌われた旧新橋《しんばし》駅にあります。仙台《せんだい》藩・会津《あいづ》藩・龍野《たつの》藩の屋敷が並んでいましたが、海岸沿いの低地だったので、この地震によって、柔らかい砂層で液状化現象が発生しました。その時に噴砂が流れ出した

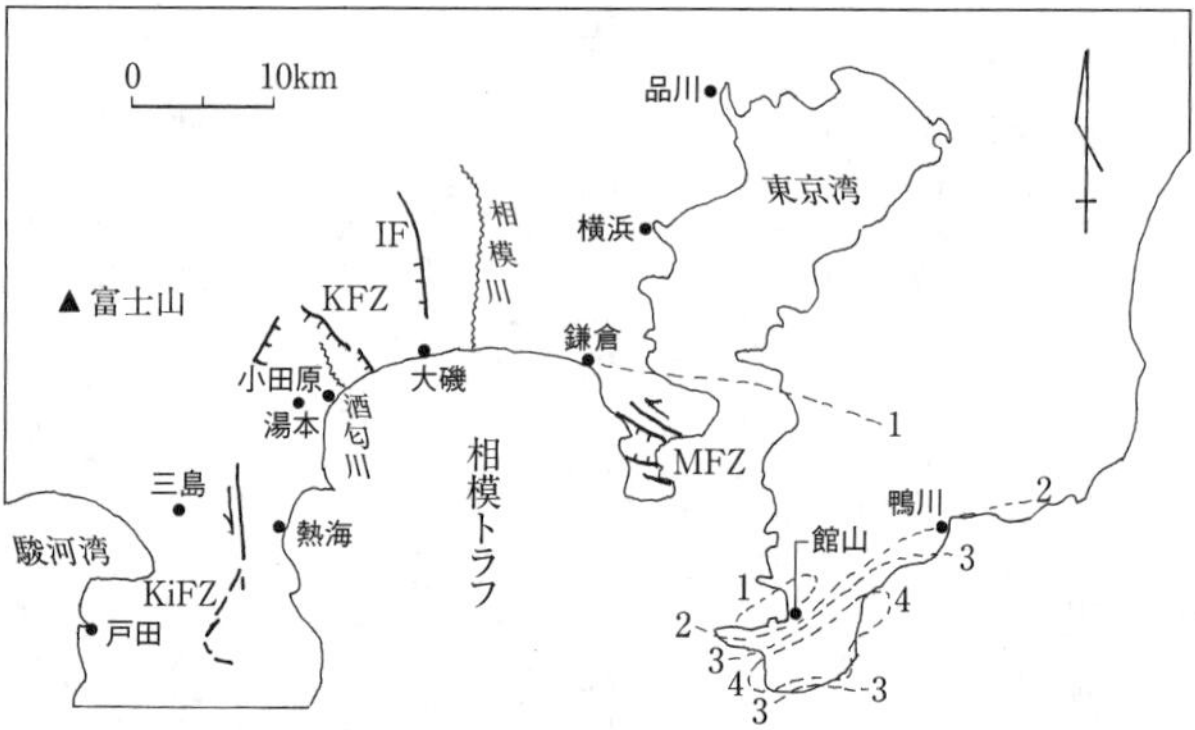

図3-3-1　元禄関東地震の位置図
破線で示したのは元禄関東地震における隆起量（「最新版日本被害地震総覧」などを参照した）。KiFZ: 北伊豆断層帯、KFZ: 神縄・国府津—松田断層帯、IF: 伊勢原断層、MFZ：三浦半島断層帯

痕跡が、遺跡の発掘調査で見つかっています。

宝永地震

元禄関東地震という忌まわしい出来事のため、翌年（元禄一七年）三月には、「宝永《ほうえい》」と改元されました。その甲斐もなく、一七〇七年一〇月二八日午後二時頃（宝永四年一〇月四日未刻《ひつじのこく》）、駿河湾から四国沖にかけての南海トラフのほぼ全域から巨大な地震が発生しています。

将軍綱吉の側近が記録した『文露叢《ぶんろそう》』にも、小田原が激しく揺れ、伊豆半島の下田に津波が押し寄せ、身延《みのぶ》山が富士川に崩れ落ち、浜名湖の町居《まちい》が大津波に襲われ、大坂では多くの家が倒れて三〇〇〇人もの圧死者が出て、土佐国は大津波で田畑が海になったと書かれており、被害は広い範囲におよんでいます。東海地震と南海地震が一緒になって、南海トラフ全体から発生した巨大地震（M８・６程度）で「宝永地震」と呼ばれています（図３－３－２）。

図３－３－２　宝永地震の位置図

神坂次郎著『元禄御《お》畳《たたみ》奉行の日記』（中公新書）に登場する尾張藩の朝日文左衛門重章《しげあき》は、想像を絶する筆まめ人間でした。八八六三日におよぶ手記は、オウムの口まねのように、見聞をそのまま書き写したので『鸚《おう》鵡《む》籠《ろう》中《ちゅう》記《き》』といいます。その彼が、三三歳で宝永地震に遭遇しました。

「高岳院《こうがくいん》（名古屋城から南東へ約一キロ）の書院で、食事が出て酒が一回りする頃、地震が起きた。揺れが強くなって鎮《しず》まらないので、皆で申しあわせて庭に飛び出したが、ほとんどが裸足だった。揺れが倍の強さになって、書院の鳴動が激しくなり、大風が吹くように大木がざわめき、地面は揺れて歩くことができなかった。（中略）名古屋城の三ノ丸が火事というので、手酌で三杯飲んでから帰宅し、両親と、（この時に身重だった）妻の安全を確認してから、城の御多門に向かった」

名古屋城では、多門《たもん》（長屋になった櫓）が南北方向に三一間（五六メートル）の範囲で倒れ、天守閣の壁土が崩れ、堀に沿った地面が四、五尺（一・二〜一・五メートル）の間隔で引き裂かれていました。また、城の周囲にあった武家屋敷では、塀の七〜八割が崩れていました。

好奇心旺盛な彼は、伝聞した各地の被害を書き留めていますが、土佐国《とさ》（高知県）では津波が城下まで浸入して武士の屋敷・町屋・民家がつぶされました。また、紀伊半島南端の長島《ながしま》では民家が倒れた後に、津波に襲われて男女約八〇〇人が亡くなり、尾鷲《おわせ》では一〇〇〇軒余の家が流されました。静岡県の浜名湖の南にある新井《あらい》（新居）は津波で二〇〇艘が損壊し、舞阪《まいさか》の半分が押し流されました。さらに東にある袋井は全壊し、掛川《かけがわ》も無残な姿になりました。

大坂については、地震を恐れて皆が舟に乗り移った申半刻《さるのはんこく》（午後四時頃）から津波がやってきました。海岸にいた大船など数百隻とともに川や水路をさかのぼり、道頓堀《どうとんぼり》の芝居小屋の下や、日本橋《にっぽんばし》まで津波が押し寄せ、日本橋より西の橋がすべて壊れたと筆を走らせています。

舟の上は地震の揺れが弱いので、安全だと勘違いした人々が舟に乗りこみましたが、地震発生から約二時間後に津波がやってきたのです。

現在の大阪市内にある南堀江・北堀江・伏見堀・江戸堀《えどぼり》・新堀《しんぼり》・堂島《どうじま》・土佐堀・西横堀《にしよこぼり》などの水路でも同じような状態に陥って、多くの犠牲者が出ました。津守新田《つもりしんでん》（大阪市大正～港区）では堤防が切れて海水が地面を覆いました。

また、『宝永度大坂大地震之記』によると、大坂では、南の方から揺れはじめ、西横堀から江戸堀、伏見堀、立売堀《いたちぼり》、堀江、北之新地までの家が残らず揺り崩れ、心斎橋《しんさいばし》筋は北から南までがすべてつぶれました。

大阪平野の南東部にあった大ヶ塚村（現・南河内郡河南町）で酒造業を営む豪農の河内屋五兵衛可正は俳諧《はいかい》・能楽《のうがく》の達人でした。彼が処世の教訓として残した『河内屋可正旧《かわちやよしまさきゅう》記《き》』に具体的な被害が記されています。

大ヶ塚の善念寺の御堂は三方の壁が崩れて台所が大破し、久宝寺《きゅうほう》（八尾《やお》市）では本堂の御座間が崩れて七〇〇軒の民家のなかで三〇〇軒余りが崩れました。八尾の御坊《ごぼう》は台所が崩れて火事で焼け落ち、慈願寺《じがん》も残らず崩れました。弓削《ゆげ》で六二軒、柏原《かしはら》で四六軒、誉田《こんだ》で三六軒が倒壊し、他の家も歪みました。古市《ふるいち》や広瀬《ひろせ》は大破しました。泉州《せんしゅう》の堺《さかい》ではあわせて三八一軒の家が倒壊しました。

縄文時代には海が浸入して河内潟《かわちがた》が広がっていた大阪平野東部、さらに、大阪湾に面した堺のように、軟弱な地盤で被害が著しかったことがわかります。大阪府文化財調査研究センターが東大阪市の池島《いけしま》・福万寺《ふくまんじ》遺跡の調査を行った時にも、宝永地震による液状化現象の痕跡が見つかっています。

対照的に、大阪平野の中央を南北にのびる高まり（上町台地）は地盤が良好で、大坂城や寺町などが並んでいましたが、被害は軽微でした。

四国の香川県高松市の東部には、頂上が屋根のように平らな屋島《やしま》が横たわり、麓には源平の古戦場として知られる檀ノ浦があります。屋島の東隣にある八栗山《やくり》は、頂上に尖《とが》った峰が並ぶことから「五剣山《ごけんざん》」と呼ばれています。

高松市内で生まれ育った私は、五剣山の峰が、どう数えても四つしかないことを不思議に思っていましたが、その謎は『増補高松藩記』の宝永地震に関する記述によって解けました。「五剣山一峯崩落」、つまり、地震の揺れで峰の一つが崩れ落ちて、四剣山になったのです。

讃岐（香川県）では、稲刈りの最中でしたが、暑い日だったので、皆、笠をつけて作業をしていて、周辺の墓石もことごとく倒れました。五剣山の巨大な峰も、くり返す南海地震などで傷つき、宝永地震の大きな揺れで、まるで巨大な墓石のように、轟音《ごうおん》とともに崩れ落ちたのでしょう。

この時には、南海トラフ全体から地震が発生しました。最近では、都司嘉宣《つじよしのぶ》さん（東大地震研）や岡村真さん（高知大）などによって、過去の津波痕跡の研究が進められています。高知県須崎《すさき》市や大分県佐伯《さいき》市などで岡村さんが観察した津波の痕跡から、一三六一年の地震も南海トラフ全体からの巨大地震と考えられています。さらに、八八七年や六八四年の地震についても、同じようなタイプの可能性があるようです。

宝永地震から四九日後にあたる一七〇七年一二月一六日（宝永四年一一月二三日）午前一〇時頃に、富士山の南東斜面の宝永火口から噴煙が昇り、その後の一六日間、噴火がつづきました。西風に乗って江戸にも火山灰が降り注ぎましたが、旗本の伊東祐賢《いとうすけかた》による

『伊東志摩守《しまのかみ》日記』には、午後一時頃にはねずみ色の灰が多く降り、夜には黒色の砂になり、数ミリの厚さに積もったと書かれています。

富士山東麓の被害は深刻で、厚く積もった火山灰のために農作物が育たなくなりました。丹沢《たんざわ》山地や足柄《あしがら》山地から相模湾に流れこむ酒匂川の流域では、大雨のたびに大量の火山礫《かざんれき》や火山灰《かざんばい》が崩れて土石流《どせきりゅう》が発生しました。

一七〇九（宝永六）年に綱吉がこの世を去り、甥で甲府藩主の綱豊《つなとよ》（家宣《いえのぶ》）が六代将軍になり、早速、「生類憐みの令」を廃止しました。

綱吉の時代に、フィリピン海プレートの潜りこみによる関東・東海・南海地震がすべて登場しましたが、地震を起こす「ナマズ」もまた、愛すべき生類として、彼に呼び寄せられたのでしょうか。

4 プチャーチンと安政東海地震——津波に見舞われた開国交渉

一八五三年七月八日（嘉永六年六月三日）、ペリー提督が率いるアメリカ東インド艦隊が浦賀《うらが》沖に姿を現しました。大型蒸気船と帆船が、それぞれ二隻、腐食《ふしょく》と水漏れを防ぐために船体が黒く塗られており、千石船の一〇倍もの大きさでした。
知らせを聞いて浦賀に駆けつけた佐久間象山《しょうざん》も黒船に圧倒され、勝てる相手ではないと実感しています。江戸の町も大騒ぎとなり「泰平の眠りをさます上喜撰《じょうきせん》（蒸気船）たった四はいで夜も眠れず」などの落首《らくしゅ》が詠まれました。

新興国のアメリカと競って日本に開国を求めたのは、当時の「五大国」に数えられていたロシアでした。一八五二年一〇月、皇帝ニコライ一世の命を受けた海軍中将プチャーチンは、フィンランド湾のクロンシュタットを出航して、アフリカ南端の喜望峰を回り、翌一八五三年の八月二二日（嘉永六年七月一八日）に長崎に入港しました。

驚いた幕府は、筒井政憲《つついまさのり》・川路聖謨《かわじとしあきら》・荒尾成允《あらおしげまさ》・古賀増《こがまさる》を露使応接掛《ろしおうせつがかり》に任命して長崎へ派遣しています。リーダーの筒井は優れた人物でしたが、七六歳の高齢だったので、実際に交渉を仕切ったのは五三歳の川路でした。彼は、幕府直轄の日田《ひた》代官所（大分県日田市）に仕える内藤歳由の長男で、一二歳の時に、幕府小普請組だった川路光房《みつふさ》の養子になりました。その後、大坂東町奉行・勘定奉行などを経て今回の大役に抜擢されたのです。

ペリーとは対照的に、プチャーチンは対等な姿勢で交渉にのぞみました。しかし、日本側が巧みに要求を退けたので、ロシア使節は一八五四（嘉永《かえい》七）年二月に長崎を離れました。彼らの日露条約草案には、領土問題や大坂・箱館《はこだて》の開港がしめされていましたが、川路たちは確約を与えずに交渉を打ち切ったのです。

強硬な主張をしたかと思うと、ジョークで和《なご》ませるという川路聖謨に対して、ロシア側は、利害を超えて、むしろ尊敬の念を抱いていました。秘書官ゴンチャロフの『日本航海記』には、「川路を、私たちはみな気に入っていた。彼の一言一句、一瞥《いちべつ》、それに物腰まで、すべて良識と機知《きち》と慧眼《けいがん》と練達《れんたつ》をあらわしていた。叡智《えいち》はどこへ行っても同じことである。民族・衣装・言語・宗教を異にし、人生観まで違うにせよ、聡明な人には共通した特徴がある。愚者には愚者の共通点があるように」と書かれています。

一八五四年二月一一日には、ペリーが率いる七隻のアメリカ軍艦が、江戸湾に姿をあらわし、三月三一日（新暦）に「日米和親条約」が締結されました。そして、プチャーチン一行は再び長崎を訪れました。

プチャーチンは、母国のアムール川（黒竜江《こくりゅうこう》）河口で、老朽艦「パルラータ」から、新しいフリゲート艦「ディアナ」に乗り換え、箱館まで周航した後、一八五四年一一月八日に、大坂湾の天保山《てんぽうざん》沖に現れました。

早速、乗組員たちが大坂湾の安治川に小舟を乗り入れたので、大坂城代の土屋寅直《つちやともなお》は退去するように要請しました。『近来年代記』には、御公儀《ごこうぎ》が槍・鉄砲と大騒ぎとなり、町家の人たちも驚きあわてて、「われもわれも」と見に行ったと書かれていますが、まさに、大坂版「黒船騒ぎ」です。

天保山沖に二週間滞在したディアナ号は伊豆半島南東端の下田《しもだ》へ向かい、一二月二三日

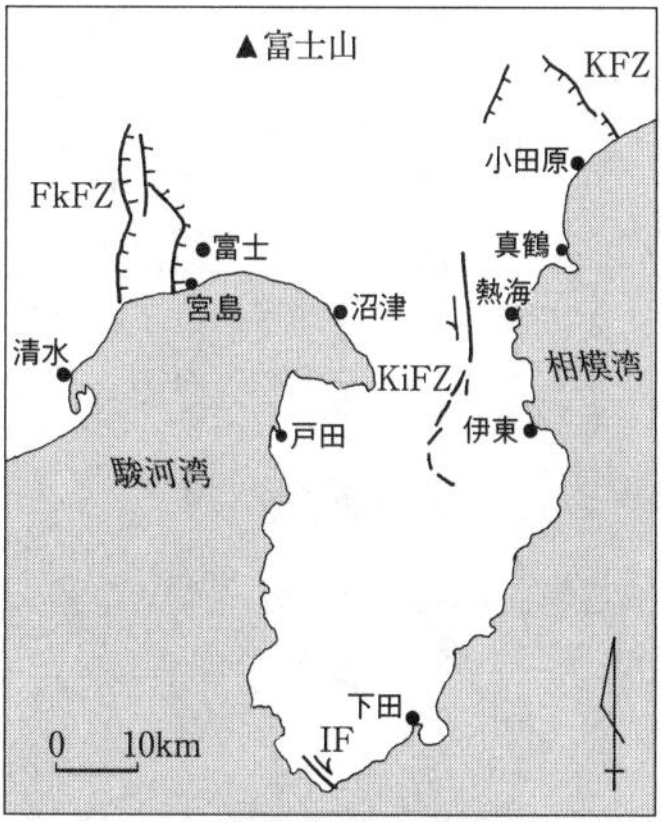

図３－４－１　伊豆半島周辺の位置図
太い実線は活断層、KiFZ: 北伊豆断層帯、
KFZ: 神縄・国府津―松田断層帯、
FkFZ：富士川河口断層帯、IF: 石廊崎断層

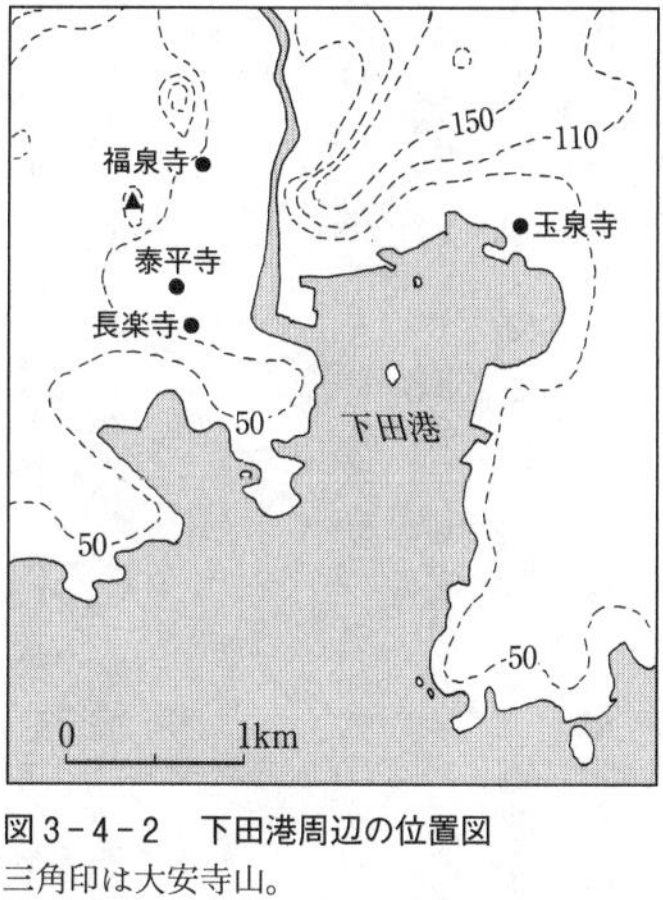

図３－４－２　下田港周辺の位置図
三角印は大安寺山。

（旧暦一一月三日）から、下田の福泉寺《ふくせん》で川路たちと交渉を再開しました。国境問題と開港地が焦点となり、プチャーチンたちが大坂・箱館・兵庫・浜松港を要求して、結論は持ち越されました（図3-4-1、図3-4-2）。

翌日（二三日）の午前九時すぎ（嘉永七年一一月四日五ッ半すぎ）、川路聖謨は宿舎の泰平《たいへい》寺で朝食の最中でしたが、突然の地震で壁が落ちました。驚いて表の広場に出ると、石塔や灯籠が、すべて倒れました。間もなく津波が来ると町中が大騒ぎになったので、書物を持って近くの大安寺《だいあんじ》山に逃げ、少し登ってから下田の町並を見下ろしました。この時には、もう潮が押し寄せていて、人家が崩れ、大きな船が帆柱《ほばしら》を立てながら飛ぶように押し寄せる様子はすさまじいものでした。川路の近くに居あわせた人たちは、茨《いばら》をかき分け、木を伝って、必死に山頂に登りましたが、皆、手足を切って血だらけになり、念仏を唱えたり、泣いたりしました（『下田日記』）。

このようにして、ディアナ号の司祭長マホフが「神が私たちに、わけても日本人に下した天罰」と表現した、恐ろしい出来事が幕を開けたのです。

川路聖謨の宿舎は下田市街の西側にありましたが、南側の長楽寺《ちょうらくじ》に滞在していた村垣淡路守は、秋葉神社のある裏山に登りました。市街を見わたすと、一旦、潮が引いてからすぐ二度目の（もっとも大きかった）津波が押し寄せ、防波堤を押し崩し、一〇〇〇軒余の人家を将棋倒しにして、長楽寺の門の石段の半ばまで波が来ました。引き波が大小の家や蔵をすべて押し流しましたが、その後、正午までに、七、八回も押し寄せました（『下田紀行』）（写真3－4－1）。

写真3－4－1　長楽寺の石段
安政東海地震で中程まで津波が押し寄せた。

地震の夜は山中の薬師堂で仮眠した川路ですが、翌日、市街を見回ると、田んぼには三〇〇から一〇〇〇石の船が打ち上がっていました。必死に登った山腹には死体が転がり、そのなかには二歳ほどの幼児の遺体もありました。

ディアナ号は下田湾に錨《いかり》を降ろしていました。そして、午前一〇時頃、海岸の水位が急に高まったので、艦の乗組員には、まるで下田の町が沈んでいくように見えました。二度目の波は、浮いていたボート（船）すべてを岸に運び去り、波が引く時には、下田のすべての家屋が湾内に洗い落とされました。そして、水面は、壊れた家屋や木造船の破片に覆われたのです。

錨《いかり》を引き抜かれたディアナ号は、三〇分間に四〇回以上回転し、危機一髪で岩礁《がんしょう》に乗り上げることを免れました。しかし、水面が大きく盛り上がって船体が傾いたので、甲板に転がり落ちた大砲の下敷きになって、水兵のソボレフが圧死しました。ようやく津波が収まった時には、舵《かじ》はもぎ取られ、船室の内部は散乱し、外装の包板の裂け目から海水が浸入していました。

海にただよう人々のなかで、三人がディアナ号の船員に助けられました。一人は、八十余歳になる新田町宅左右衛門の母親で、じっと小船にしがみついていたようです（『豆州下田湊地震津浪噺』）。

乗船が大破したにもかかわらず、地震の日の夕方、プチャーチンは、和蘭通詞《オランダつうじ》のポシェット医師（外科）と、その他の数名を連れて川路たちの見舞いに訪れました。そして、怪《け》

写真3-4-2　ヘダ号を建造した戸田港
出口の狭い袋状の湾で、晴れの日には富士山の姿が見える。

我人《がにん》の手当などを申し出たのです（『浪後日乗』）。
彼らの救護について、「魯人《ろじん》は死せんとする人を助け、厚く療治《りょうじ》の上、あんままでする也。助けられる人々、泣きて拝む也。心得べき事也」（『下田日記』）と、川路も深く感銘を受けています。そして、これまでロシア人を「魯戎《ろじゅう》」と日記に書いていましたが、この時から「魯人」と改めています。

地震から九日後の一八五五年一月一日（嘉永七年一一月一三日）に、柿崎《かきさき》村（下田市東部）の玉泉《ぎょくせん》寺でプチャーチンたちとの交渉が再開されました。ディアナ号を修理する港が緊急の問題でしたが、大尉ニコライ・シリングが上陸して、幕府普請役《ふしんやく》の松浦武三郎《まつうらたけさぶろう》たちと一緒に探した結果、伊豆半島北西端の戸田《へだ》港（現・沼津《ぬまづ》市）が選ばれました（写真3－4－2）。
伊豆半島の南端を廻って戸田に向かったディアナ号

は、一月一五日（旧暦一一月二七日）午後八時頃、突風に襲われて、駿河国宮嶋村《みやじま》（富士市宮島三四軒屋）沖で座礁《ざしょう》しました。船内に大量の水が流れこんで沈没の危機が迫った時、地震で家を失っていた宮嶋村の人たちが集まってきました。彼らは危険を顧みずに、船員たちと力をあわせて、船を海岸まで引き寄せたのです。このような住民の行動に対して、ディアナ号に乗船していたマホフ神父は、「善良な、まことに善良な、博愛に満ちた民衆よ！」（『日本旅行記』）と絶賛しています。

一月一九日には、一〇〇隻ほどの漁船を集めて、ディアナ号を戸田まで曳航《えいこう》しようとしましたが、突然の暴風雨によって宮嶋村の沖まで押し戻され、ついに転覆《てんぷく》し、やがて海底に没しました。

翌日、川路は「どんなに悲しい気持ちになっているだろうか」と、船を失ったプチャーチンたちの身の上を案じています。早速、戸田に五〇〇人を収容できる住居を建てて、食物・酒・タバコにいたるまで用意するよう手配しました。

一月二二日に下田に戻ったプチャーチンは、二〇人乗りの船を作って、故国に助けを求めに行くことを申し出ました。川路たちは、すぐに協議して、戸田で新しい船を建造することを決め、伊豆韮山《いずにらやま》代官の江川太郎左衛門を取締役に指名しました。

この地震から二三日後の一八五五年一月一五日（嘉永七年一一月二七日）に「安政《あんせい》」と改元されました。伊豆から紀伊半島にいたる広い範囲に甚大な被害を与えた巨大地震は、新しい年号を冠して「安政東海地震」と呼ばれています。

一八五五年二月七日（安政元年一二月二一日）に、地盤が良好で被害の少なかった長楽寺で、日露和親条約の調印式が行われました。国境を択捉《えとろふ》島とウルップ島の間に定め、樺《から》太《ふと》島は境界を明記せず、箱館・下田・長崎を開港することになりました。

洋式帆船建造の設計担当者は技術将校のモジャイスキーらで、日本から大工棟梁《とうりよう》の石原健蔵が加わり、五五日を費やして設計図が完了しました。この作業には、偶然、ディアナ号の船内にあったスクーナー型帆船の図面が役立っています。

年が明けて安政二年、戸田湾の南にある牛ヶ洞《うしがほら》で本格的な作業がはじまり、戸田村の船大工棟梁の七人を世話役とした約二〇〇人が作業に加わりました。そして、一八五五年四月二六日（旧暦三月一〇日）に日本初の西洋式帆船が完成し、戸田の地名にちなんで「ヘダ号」と名付けられました（図3－4－3）。

ヘダ号の建造中にアメリカ商船のカロライン・フート号が、下田に入港しました。ロシ

図3-4-3　ヘダ号の完成
川路聖謨（左側）たちと、プチャーチン（右側）たちの共同作業でヘダ号が完成した。

ア側が交渉して、士官九名と水兵一五〇人を本国に送り届けてもらうことになり、一八五五年四月一一日に出港しています。

プチャーチンと四七人の士官・水兵がヘダ号に乗りこみ、五月八日（旧暦三月二二日）に故郷へ向かいましたが、モスクワへたどり着いたのは半年後でした。ドイツの商船に乗った残りの士官・水兵たちは、樺太沖でイギリス軍艦の捕虜になりました。当時のロシアは、イギリス・フランスとクリミア戦争を行っていたからです。

ヘダ号の建造に加わって製図法や洋式造船術を学んだ戸田村船大工の上田虎吉は、洋式帆船を六隻完成させました。緒明《おあけ》嘉吉《かきち》・鈴木七助は幕府の横須賀造船所などに勤め、洋式の艦船を建造しました。一方、嘉吉の子の、緒明菊三郎《きくさぶろう》は横須賀に浦賀ドックを作って近代造船業に貢献しました。

ディアナ号が沈没した当時、水戸藩や薩摩藩が大型船を作りはじめましたが、従来の和船の工法でした。そこに、降ってわいたようなプチャーチンの置き土産として、日本の造船技術が著しい進歩を遂げることになったのです。

一八八七（明治二〇）年に、思いがけない人が戸田村を訪れました。それは、四年前にパリで亡くなったプチャーチンの娘オリガ・プチャーチナでした。彼女は、父から何度も聞いていた、心優しい人たちに会って、お礼の言葉を伝えるために、はるばるとやってきたのです。

5　稲むらの火と安政南海地震——津波に立ち向かった男

小泉八雲《こいずみやくも》（ラフカディオ・ハーン）の短編集『仏陀《ぶつだ》の国の落穂拾い《おちぼひろい》』に、「A Living God（生ける神）」という作品があります。舞台は、紀伊《きい》半島北西部の湯浅《ゆあさ》湾に面した広《ひろ》村で、村長を務めたことのある浜口五兵衛が主人公です。

五兵衛の家は、入江を見下ろす小高い台地の縁に建っており、台地一帯が米作に使われていました。

ある秋の、むしむしと暑い日の夕方のことです。日が西に傾いて、しばらくたってから、ゆるやかな地震がやってきて、家全体がミシミシ、グラグラと静かに揺れました。そして、地震が止んだ時、この老人の目ざとい目は、陸から沖へ向かって、ぐんぐん退いて行く海の汐に注がれました。浜にいる人たちは、この干潮《かんちょう》が何を意味するのか、気づいていないようでした。

子どもの頃に父の父から聞いた「浜の言い伝え」を思い出した五兵衛は、孫の忠《ただ》(一〇歳)から松明《たいまつ》を取り上げるや否や、田んぼに向かって飛び出して行きました。そして、自分の全財産ともいうべき数百の稲塚に次々と火をつけたのです。

やがて、寺の梵鐘《ぼんしょう》がゴンゴンと鳴り響き、村の衆も一大事に気づいたようです。彼らは、干潟から陸に上がり、燃え上がる火に向かって、蟻《あり》が群がるようにゾロゾロと登ってきました。最初に若者、次いで働き盛りの女や娘たち、年取った連中や赤ん坊を背負った母親、最後に足弱の老人たち。集まった一同が浜を見下ろした瞬間、薄明かりのなかで、絶壁のように高く盛り上がりながら押し寄せた海水のうねりが、飛《ひ》沫《まつ》の泡をドッと上げながら、台地の裾《すそ》にズシンと一撃を加えました。百雷《ひゃくらい》の音よりもすさまじい、言語を絶した衝撃とともに、丘の下にあったすべての物体が、あっという間に呑みこまれてしまったのです。

さっきまで村一番の長者だった五兵衛ですが、自らの財産を灰にして、村一番の貧者と同じ貧しさになってしまいました。しかし、彼の犠牲によって、四〇〇人の村人の生命が救われたのです。

これが「あらすじ」です。まだ生きている人の霊を祀《まつ》った神社を建て、その人を神として崇《あが》めるという日本人の不思議さを主題とした作品ですが、「これに値する人間」として五兵衛を登場させました。

五兵衛のモデルは、広村（和歌山県有田郡広川町広）に実在した濱口儀兵衛《はまぐちぎへえ》（梧陵《ごりょう》）です。彼の家は醬油《しょうゆ》の醸造と回船業を営む豪商で、元禄時代に千葉県の銚子《ちょうし》に進出して江戸に販路を広めました。現在のヤマサ醬油の前身で、彼は七代目の濱口儀兵衛になります（図3－5－1）。

濱口梧陵は、佐久間象山《さくましょうざん》に入門して勝海舟《かつかいしゅう》らと交流した経歴を持つ、進歩的な考えの

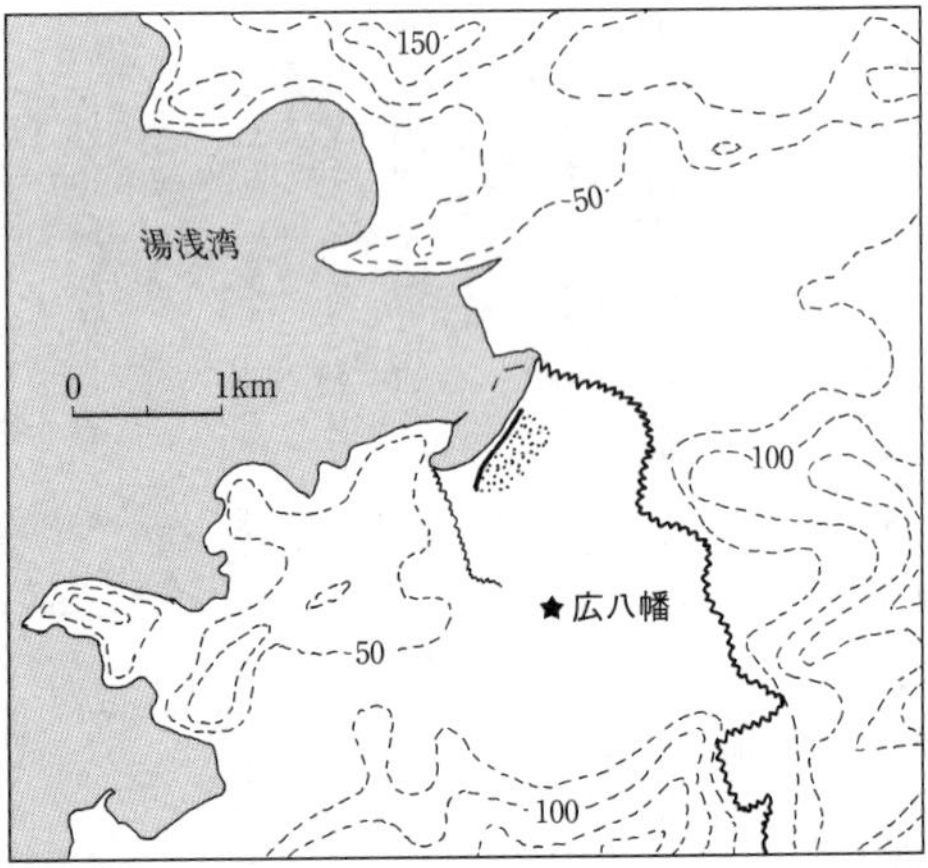

図3-5-1　広村の位置図
海岸に沿って太い実線で示したのが濱口梧陵が築いた堤防で、ドットは集落。昭和61年に国土地理院が発行した2万5千分の1地形図「湯浅」を基図として用いた。

持ち主でした。そして、一八五一年に故郷の広村に帰って、学問を広めるために稽古場（後の耐久社《たいきゅうしゃ》）を開きました。

　広村は、一七〇七年の宝永地震で津波に襲われて、一〇〇〇軒の家屋のうちで四〇〇軒が流されています。一四七年後の安政東海地震（第3章4）では、沿岸に高さ二メートルの津波が押し寄せました。津波を恐れた人々は、家財や衣類を持って山に避難しましたが、安心して家に帰った翌日の午後四時頃、今度は、安政南海地震が襲いかかったのです。

　前日とは比較にならない激しい揺れのなかで、立とうとしても転ぶばかりで、家は大きく横に揺れ動き、瓦が飛び、壁が崩れ、塀が倒れ、塵烟《じんえん》が空を覆いました。人々は高台や浜に向かって逃げまどいましたが、波高八メートルにもおよぶ大津波が押し寄せ、梧陵も腰まで水に浸かりながら、やっとのことで広八幡《ひろはちまん》神社のある高台にたどり着きました。

すでに周囲は薄暗くなっていました。梧陵は、逃げる方向がわからない人たちのために、神社に通じる道沿いの田んぼの稲束に火を放ちました。十数ヶ所から火の手が上がるのを見た男女が、梧陵のもとにたどり着いた時に第二波の津波が押し寄せたのです。

梧陵は自分の米二〇〇俵を提供し、私財を投じて五〇軒の救援家屋を建て、漁や農業の道具を与えました。さらに、肉親や家財をなくして気力を失い、飢餓《きが》と離散の不安に打ちのめされた人々に働く機会を与え、将来の津波を防ぐために堤防を築くことを決心しました。

紀州藩の許可を得て、地震から三ヶ月後にはじまった工事には、毎日、数百人が参加し、報酬が日々の暮らしを支えました。翌年の一〇月に、江戸で大地震（第四章8参照）が起きて梧陵の銚子の店の経営が苦しくなりましたが、それもなんとか克服し、やがて、全長約六〇〇メートル、高さ五メートル、根幅二〇メートルの堤防が完成しました（扉写真参照）。これが、九二年後に発生した昭和南海地震の津波被害を、最小限に食い止めたのです。

一八九六（明治二九）年六月一五日、かすかに地面が揺れた後、東北地方の太平洋沿岸に大津波が押し寄せました。海底のプレート境界から発生した巨大な津波地震（明治三陸地震津波）でしたが、満潮と重なる不運もあって、岩手県を中心に一万戸近い家屋が流れ去り、死者は二万二〇〇〇人にのぼりました。

これに心を痛めた小泉八雲が、浜口五兵衛の物語を世に出しました。このような経緯《けいい》で「A Living God」に登場する地震の揺れは、津波地震のように「ごくわずか」で、激しい揺れをともなった安政南海地震とは違っています。

一九三三年にも同じ地域が津波地震（三陸地震津波）に見舞われて、三〇〇〇余名が犠牲になりました。この翌年、文部省が教科書改訂にともなう教材を募集し、和歌山県南部小学校教師で当時二八歳の中井常蔵さんが、八雲の作品を子ども向けに書き直した『燃ゆる稲むら』を応募しました。これが『稲むらの火』として、一九三六年から一九四七年まで、尋常小学校や国民学校の五年生用国語教本として広く用いられたのです。

最近、この物語の評価が高まり、河田恵昭さん（関西大学）による「百年後のふるさとを守る」として、小学校五年生用の国語教材に登場しています。

その後、濱口梧陵は紀州藩の勘定奉行となりました。一八七一年には大久保利通《としみち》の要請で初代駅逓頭《えきていのかみ》（郵政大臣）となり、一八八〇年には和歌山県議会議長を務めました。長年の夢がかなって世界旅行に旅立ちましたが、ニューヨークで病に倒れ、満六四歳で帰らぬ人となりました。

梧陵は、安政南海地震の直後に「生き神さま」と崇められましたが、広八幡の境内に自分を祀る神社を建てるという申し出は断っています。ですから、彼が生きているうちに、神として祀られたわけではありません。

安政南海地震で、和歌山城の城下も大きく揺れました。大工棟梁の水島某による『見聞覚』には、地震の揺れで、田畑が二〜三メートルくらいの長さで、何本も割れて、青い砂が一面に流れ出したと書かれています。海岸には津波が押し寄せて、流された五〇隻もの舟が伝法《でんぽう》橋の下に集まったそうです。

大坂でも、「ふいに地震に襲われて、驚くほど長い間、地面が大きく揺れつづけた。家がメリメリときしんで壊れる音がすさまじくて、人々は家の外へ飛び出して、右往左往し

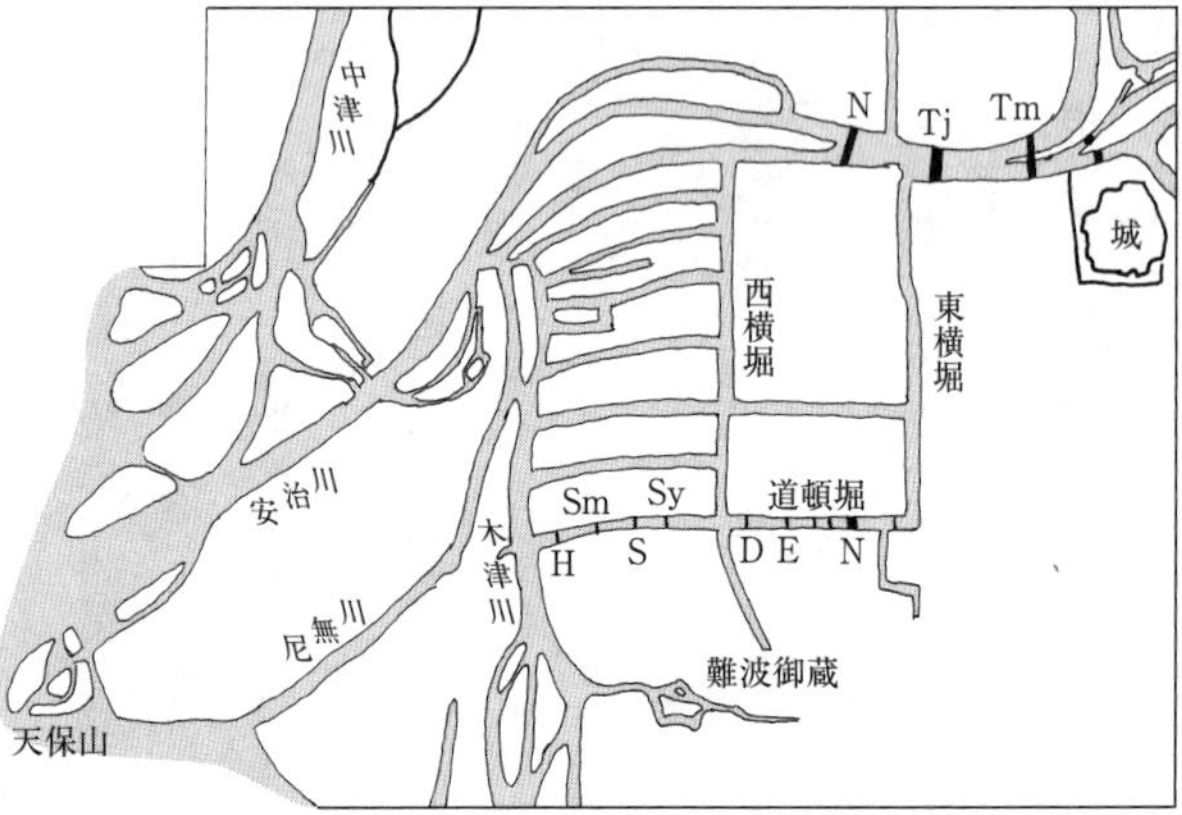

図3-5-2　大坂の水路図
弘化2（1845）年の「大坂細見図」から水路を抜き出した図。
N: ナニワバシ、Tj：天神橋、Tm 天満ハシ、H：日吉ハシ、Sm：汐ミハシ、S：幸ハシ、Sy：住吉ハシ、D：大コクハシ、E 戎ハシ、N：日本ハシ、水路はアミで示した。

ていた」（『近来年代記』）と書かれています。

南海トラフ沿いの海底から発生した津波は、一〇分余りで紀伊半島の先端に達し、約二時間後に大阪湾の天保山まで達しました。河田さんの解析によると、天保山での津波の高さは約二メートルでした。津波が河口にさしかかった時、行く手が狭くなって水面が急に高くなりますが、海岸に停泊していた多くの千石船《せんごくぶね》を押し流しながら川をさかのぼりました（図3-5-2）。

土佐堀・江戸堀・長堀・道頓堀など

には、上荷船《うわにぶね》・茶船《ちゃぶね》・剣先船《けんさきぶね》などの小舟が浮かんでいました。宝永地震の時と同じく、人々は、我先にと船に乗り移り、そこに津波がやってきたのです。道頓堀では、大黒橋《だいこく》までの橋はすべて壊され、下流側で大小の船が折り重なって転覆し、多くのカメが裏返しになって甲羅《こうら》を干したような有様になりました。この間、人々が泣き叫ぶ声が大坂市街全体に響きわたり、犠牲者は、少なくとも数百人といわれています。大阪城天守閣所蔵『大坂大津波図』には、道頓堀で船が重なり、あふれ出た泥水が難波や日本橋付近を覆う様子が描かれています。

大坂の市街地を流れる木津川を東西に横切って、大正《たいしょう》区と浪速《なにわ》区を結ぶのが大正橋です。かつては、渡し船で横断していましたが、大正時代の一九一五年に、待望の橋が架けられて「大正橋」と呼ばれました。安政南海地震の直後、この橋の東詰めに、津波の犠牲者を弔う石碑が建立されました。『大地震両川口津波記』と呼ばれる碑文には、地震が起きて、夕暮れ時に津波が押し寄せて、大黒橋で大きな船が横倒しになって行く手をさえぎり、流されてきた多くの船が重なりあったと刻まれています。さらに、宝永四年にも同じような被害があり、悲劇がくり返されたことを嘆き、後世への教訓としています。

地震の影響は、四国東部を流れる吉野川下流の徳島県板野郡でも見られ、地震の揺れで地面が裂けて土砂を含んだ水が吹き出しました。クジラが潮を吹くような光景となり、まわりは白い砂の海になったそうです（『大地震実録記』）。

徳島県教育委員会が調査した板野郡上板《かみいた》町の神宅《かんやけ》遺跡では、現在の地面から二・六メートルの深さに堆積した砂層から砂脈が上昇していました。江戸時代後期の磁器《じき》片を含む地層を引き裂き、近代の地層に覆われていたので、安政南海地震の時の液状化現象の痕跡です。

淡路《あわじ》島の東海岸にある淡路市津名《つな》町では、淡路島最古の大寺院（志筑廃寺《しづきはいじ》）の発掘調査が行われましたが、安政南海地震で地面が滑り動いて、江戸時代末期の薬師堂の縁石《えんせき》が上下に食い違った痕跡が見つかりました。

6　二〇世紀の海溝型巨大地震——火災や津波が現代社会を襲う

大正関東地震

一九二三（大正一二）年九月一日の午前一一時五八分、大正関東地震（M７・９）によって、首都圏の大地が激しく揺れました。東京市にそびえる九階建ての丸の内ビルは、波間にただよう木の葉のようになり、浅草の一二階建て凌雲閣《りょううんかく》は八階から折れて、上の階が丁寧にお辞儀しました。芝区（現・港区）では、日本電気会社の鉄筋三階建て工場が約四〇〇人を収容したまま倒壊しました。横浜市では、グランドホテルやオリエンタルホテルが大音響とともに崩れ落ちています。全体として、地盤の軟弱な低地にある建物の被害が顕著でした。

昼食を準備する時間に地震が発生したため、台所や食堂から出火しました。さらに、棚から落ちた薬品類が発火して、東京全体の百数十ヶ所で火事が起こりました。しかし、井戸の多くは衛生上の理由で埋められていて、水道管は地震で壊れたため、消火活動は困難をきわめました。その上、東北地方の日本海沿岸を台風が北上していて、関東でも強い風が吹いていました。そして、燃え上がった火は、風速一〇メートルを超える風に煽《あお》られな

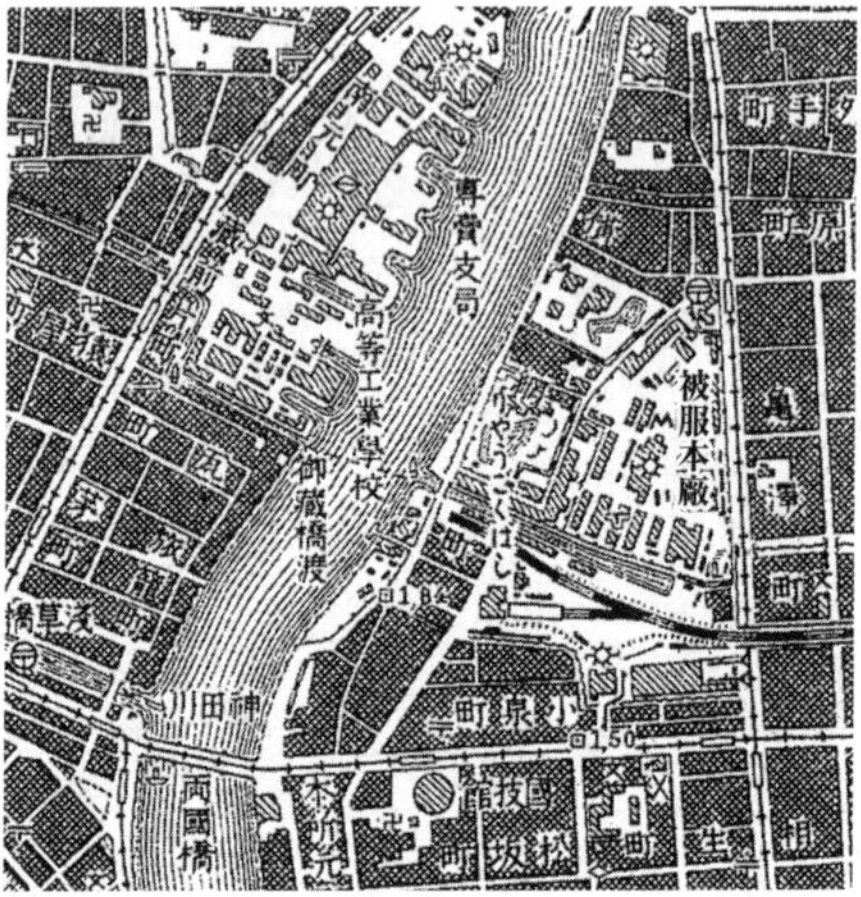

図3－6－1　被服廠跡周辺の地図
大日本帝国陸地測量部が大正６年に測量して同８年に発行した２万分の１地形図「東京首部」を用いた。被服廠は大正11年に赤羽に移転していた。

から合流して、「旋風《せんぷう》」（第二章参照）を巻き起こしたのです。

余震がつづくなか、家を離れた人たちは、精一杯の荷物を持って広い空間に向かいました。悲劇の舞台となった本所《ほんじょ》区横網《よこあみ》町の被服廠《ひふくしょう》跡は、安田庭園に隣接する二万数百坪の空き地で、現在では両国国技館と江戸東京博物館があります（図3－6－1）。

隅田《すみだ》川沿いに進んだ炎の帯が、被服廠跡にさしかかったのは午後四時頃でした。空き地を埋めた人たちの周囲が急に薄暗くなり、すさまじい轟音《ごうおん》とともに旋風が襲いかかりました。畳やトタン板や荷車や自転車が空に舞い上がり、豆を投げ上げたように人間が宙を飛びました。これが二〇分ほどつづいてから、火の粉が雨のように降り注ぎました。荷物に移った火が燃え広がり、炎や烟《けむり》を吸いこんだ人々が地面に倒れて息絶えました。極限状態の恐怖で、泣き叫びながら逃げまどう人たちも、やがて焼けただれて白骨の山を築きました。こうして、被服廠跡周辺で四万四〇〇〇人もの命が失われたのです。

被服廠跡の西を流れる隅田川も火に包まれました。永代橋《えいたい》では、猛火に追われた人々が橋の中央に押し寄せましたが、荷物から橋板へと火が燃え移り、焼け落ちた橋の下には多くの屍が重なりました。隅田川の五つの橋で燃えなかったのは、巡査の機転で、荷物を持ちこむことを禁じた新大橋《しんおお》だけでした。

浅草区の田中小学校では一〇〇〇人余り、浅草区の吉原公園、本所区の横川橋北詰・錦《きん》糸町《しちょう》駅では数百人が焼死しました。一方では、耐火構造の三井慈善病院が火をさえぎった神田区佐久間《さくま》町・和泉《いずみ》町は類焼をまぬかれています。

横浜市では、大理石造りの横浜正金《よこはましょうきん》銀行が地震には耐えましたが、直後に炎に包まれました。翌朝、地下室に逃げこんだ人たちが救出されましたが、扉の外には焼死体が累々《るいるい》と横たわっていました。レンガ造りの横浜郵便局は地震の瞬間につぶれ、茶飲み場から出た火によって局員一三〇人が焼死しました。横浜市役所も、約二〇〇〇人を収容したまま全焼しました。末広橋《すえひろ》（現・鶴見区）付近では地割れに足を取られた約一〇〇人に、後から来た人が覆いかぶさり、数百の遺体が折り重なりました。そして、横浜港の桟橋《さんばし》で船に避難した人たちは、炎上した船とともに海底に沈みました。

この地震は、相模トラフ沿いに、右横ずれしながら潜りこむフィリピン海プレートと、北米プレートの境界から発生しました（第一章・図1－2参照）。神奈川県小田原《おだわら》町付近の地下で最初の大きな破壊、一〇秒ほど遅れて藤沢町に近い三浦半島直下で二番目の破壊が生じ、さらに、約一三〇キロの長さにわたって岩盤が破壊されました（『関東大震災』鹿島出版会）。

小田原町では、上下動を伴う激しい揺れによって、五〇〇〇余りの建物がすべて倒れ、小田原城の石垣が崩れ、郊外の小田原紡績工場が全壊しました。また、十字《じゅうじ》町・新玉《あらたま》町・幸《さいわい》町などから出た火は、旋風を引き起こしながら町全体の三分の二を焼きつくしています。

ここから約六キロ南で、相模湾に面した片浦《かたうら》村の根府川《ねぶかわ》では、山麓の斜面が滑り落ちて四〇六人が圧死しました。この時、根府川駅に到着した列車が海岸へ転落し、直後の津波で乗客一〇〇人余が命を失いました。さらに五キロ南の真鶴《まなづる》村では、建物が倒壊・炎上して津波に押し流されました。西にそびえる山地（箱根町）では、いたる所で崩壊や地滑りが生じています。

相模湾の北端で、約二〇〇〇軒が全壊した茅ヶ崎《ちがさき》町では、地下に埋まっていた鎌倉時代の橋脚が、水田を突き破って浮上しました。直径六〇センチ前後の檜の柱で、九本が地上に顔を出し二本は水田土壌を押し上げました。二〇〇一年に茅ヶ崎市教育委員会が発掘調査を行い、地下に堆積していた砂層の液状化現象によって柱が上昇したことがわかりました。

一方、相模湾北東端の鎌倉町では二千数百戸が全壊、直後の火災で炎上し、由比ヶ浜《ゆいがはま》に津波が押し寄せました。この時の揺れで、鎌倉の大仏が南南東に向かって四〇センチほど前進しています。

この地震でも、川や海沿いの低地で液状化現象が発生しています。元禄関東地震の液状化跡が見つかった汐留《しおどめ》遺跡でも、煉瓦造りの建物の基礎が、約一〇センチの幅で引き裂かれて、噴砂が流れ出した痕跡が見つかっています。神奈川県厚木《あつぎ》市の東町《ひがしちょう》遺跡では、大正関東地震で生じた地割れ・正断層《せいだんそう》・噴砂《ふんさ》を火災の焼土が覆っていました。

大正関東地震によって房総半島の南端が最大二メートル隆起して、半島の南部が北東へ傾くような地殻変動が生じました。一七〇三年の元禄関東地震でも、同じような変動が生じましたが、元禄関東地震の方が地震規模も大きくて、震源域も相模湾の沖合まで長くのびています。そして、元禄関東地震では、半島の南端が四～五メートルも隆起しています（第三章3参照）。

この地震による死者・不明者は一〇万数千人で、そのなかの圧死者は約一万一〇〇〇人でした。地震につづく大火災が未曾有の「関東大震災」を引き起こしたのです。現在、地震発生の九月一日が「防災の日」、八月三〇日から九月五日までが「防災週間」とされています。

東南海地震

一九四四（昭和一九）年一二月七日の午後一時三五分、南海トラフから地震が発生しました。岩盤の破壊がはじまったのは紀伊半島南東沖のプレート境界で、東に向かって割れつづけて、駿河湾の近くまで達しました。M7・9で、安政東海地震（M8・4）より、かなり小さな地震規模でした。

最初は「遠州灘《えんしゅうなだ》地震」と発表されましたが、太平洋戦争末期（レイテ沖海戦直後）という特殊な事情もあって「東南海《とうなんかい》地震」という名称に変更されました。

一九七〇年代後半になって、この地震で歪みが解放されなかった駿河湾周辺に「東海地震」が想定され、南海トラフの東半分を東海地震と東南海地震に分割する表現になっています。

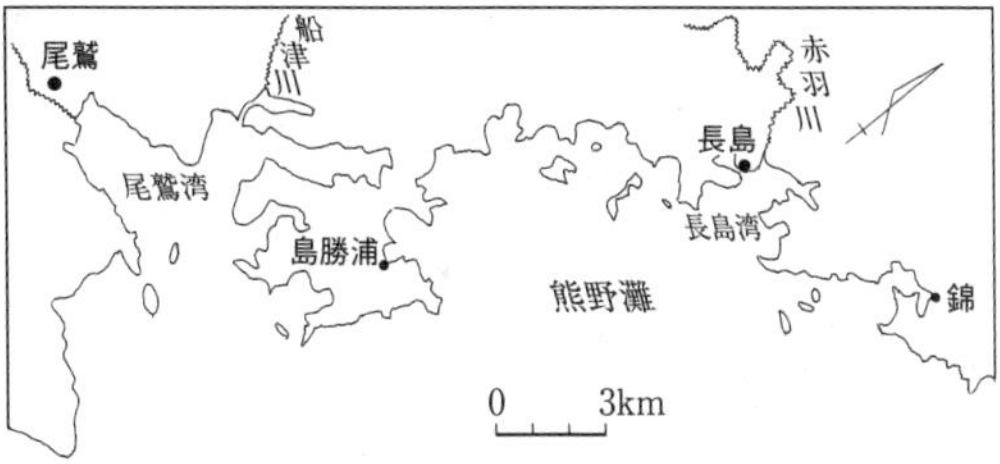

図３-６-２　東南海地震に関する熊野灘周辺の位置図
尾鷲湾から錦港までを示した。

東南海地震でも、地盤の軟弱な沖積《ちゅうせき》低地や埋立地の被害が目立ちました。静岡県袋井市と磐田《いわた》市の境界を流れる太田《おおた》川の堤防に顕著な地割れが生じましたが、東岸の低地にあった今井《いまい》村では、三二二軒のうち三〇四軒が全壊しています。

三重県尾鷲《おわせ》町では、大きな横揺れが二〜三分つづきました。尾鷲湾の雀《すずめ》島付近まで海水が引いて底が見える状態になりましたが、直後にムクムクと盛り上がった海面が一気に押し寄せて町並を呑みこみました。死者二九人、行方不明者六七人、全壊および流失家屋六〇四棟という惨状でした（図3－6－2）。

北牟婁郡《きたむろ》錦町《にしき》（現・度会郡《わたらい》大紀町《たいき》）の『昭和大海嘯記録《しょうわだいかいしょうきろく》』には、怒濤《どとう》のような大波が、地震から十数分後に押し寄せたという記録があります。町の人々は神社や寺、学校に避難しましたが、民家が見る見るうちになぎ倒されていきました。津波が引きはじめると、壊れた家々の柱や梁などの材木で錦港（尾鷲港から二五キロ北東）にいっぱいとなり、その上で人々が助けを求めていました。さらに、家族のことが心配になって出漁中の沖から引き返したために転覆してしまった人たちも波間にただよっていました。避難した人たちは、この様子を眺めて地団駄を踏んで泣き叫びましたが、どうすることもできませんでした。三回目、四回目の津波で被害が拡大し、六四名が亡くなっています。

この地震の死者は九九八人でしたが、政府による報道規制のため救援物質も届かず、多くの遺体が河川敷《かせんしき》で火葬されました。罹災者は行政を期待せずに自己救済に努め、すべてを戦争に捧げよという知事の論告《ろんこく》も出されています。

名古屋市の三菱航空機道徳《どうとく》工場は紡績工場を転用して多くの壁を撤去していたので、地震の揺れで瞬時に倒壊しました。大江《おおえ》工場は液状化現象によって地面が裂けて噴砂が流れ出したため操業が停止しました。そして、地震の六日後には、三菱重工名古屋発動機製作所大幸《だいこう》工場（名古屋市東区）が空襲を受けて壊滅しました。

年明け直後の一月一三日午前三時三八分に、三河地震（M６・８）が愛知県南部を襲いました。深溝《ふこうず》断層などが活動して引き起こした地震ですが、断層の近くに被害が集中して一九六一人が犠牲になりました。そのなかには、学童疎開で寺に泊まっていた名古屋の国民学校の児童や教師が含まれています。また、東南海地震で損傷した建物の多くが、この地震で完全に倒れてしまいました。

昭和南海地震

太平洋戦争が終わった翌年の一九四六（昭和二一）年一二月二一日午前四時一九分。紀伊半島南端沖からはじまった岩盤の破壊が、南海トラフに沿って、今度は西に進みました。これが昭和南海地震（M８・０）ですが、安政南海地震（M８・４）に比べてかなり小さく、東南海地震とよく似た地震規模でした。

高知県南西部にある中村町（現・四万十市）では、二四二一の家屋が全壊し、本町や中ノ丁から火が出て町の八割が焼けました。紀伊半島の南端で、やわらかい地盤が厚く堆積している新宮《しんぐう》市でも、地震の揺れで多くの家屋が倒れました。直後に別当屋敷《べっとうやしき》町から出火したため、市街地の北半分を焼きつくして五八人が亡くなっています。

宝永地震や安政南海地震に比べて小さな地震ですが、太平洋の沿岸には最大波高六・九メートルの津波が押し寄せました。

紀伊半島南西端の田辺《たなべ》湾の奥にある新庄《しんじょう》村文里《もり》港では、津波の前に海岸から潮が引くという伝承がありました。南東から港に流れこむ名喜里《なきり》川の河口でも、しばらくの間、海面が静かでしたが、岸の舟が少し動いたと見るや、沖に向かって急激に潮が引きはじめました。驚いて「津波だ」と大声で叫ぶ声とともに、人々は山に向かって逃げはじめました。最初が十数分後、第三波の津波がもっとも大きかったですが、逃げ遅れたお年寄りや子どもなど、二六人が犠牲になりました。

四国東部の徳島県浅川《あさかわ》村（現・海陽《かいよう》町）は、大きな揺れが三分近くつづきました。しかし、ここでは潮が引かないまま、二〇分後に津波が押し寄せたのです。二波は高さ四・五

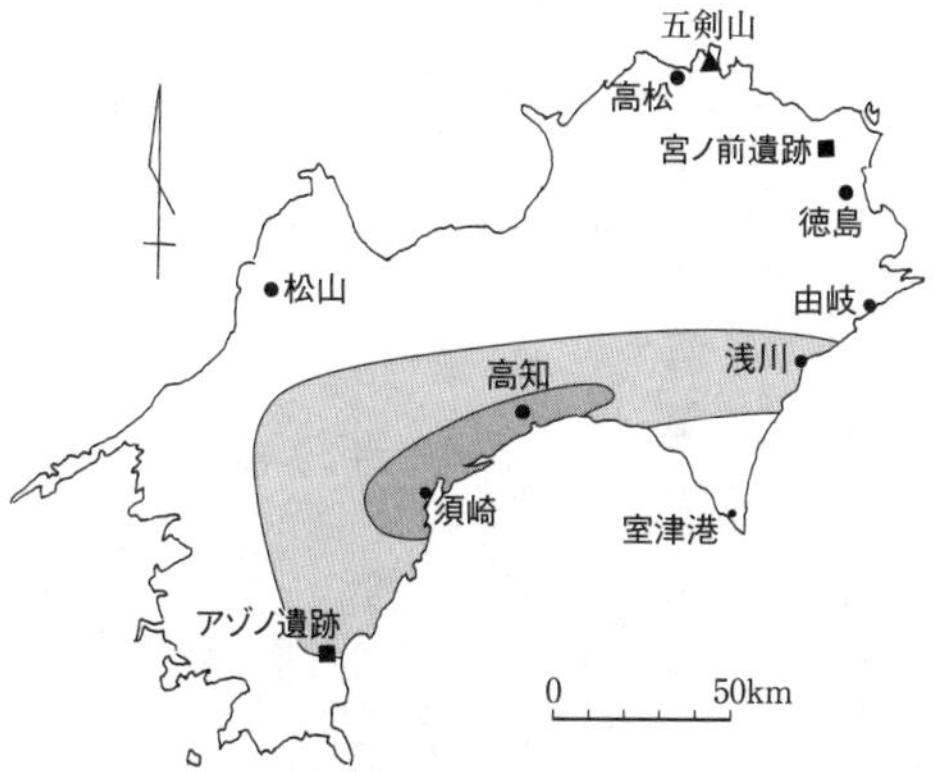

図3-6-3　昭和南海地震の位置図
アミは昭和南海地震で沈降した地域で、濃いアミの範囲が沈降量が大きかった。その他、南海地震に関連して、崩壊した山や液状化跡が見つかった代表的な遺跡も図示している。

メートル、三波までが大きくて、暗い海に点々と灯《とも》る漁火《いさりび》が寄せては返すなかで、八五人の命が失われました。

ゴーッという音とともに海岸から、あるいは、浦上《うらがみ》川をさかのぼりながらあふれ出した津波が町並を襲いました。そして、家々を破壊したのは、バリバリと押し寄せた帆船《はんせん》や材木の群れでした。幼い妹を背負ったまま息絶えた長女、家の外で母親を待っていて波にのまれた子ども。屋根に登って命拾いした人たちとは対照的に、天井にへばりついたまま息絶えた家族。極限状態における、一瞬の心の動きと微妙な運が生と死を分けました。

この地震では、高知県の安芸《あき》郡甲浦《かんのうら》から高知市・須崎《すさき》町・中村町（現・四万十市）を結ぶ東西に長い地域が沈降しました。沈んだところに津波が押し寄せた高知市街は、広い範囲が海水に覆われて、『日本書紀』に記載された白鳳南海地震と同じ状態になりました（第三章1参照）。

それとは逆に、室戸《むろと》岬や足摺《あしずり》岬などの半島部は、岬の先端ほど高くなるように隆起したので、公園のシーソーを連想させるような、南上がりで北下がりの動きになりました。この時に、室戸半島の南端は一・三メートル隆起し、室津《むろつ》・室戸岬・高岡《たかおか》・三津《みつ》・椎名《しいな》・佐喜浜《さきはま》などの港の底が浅くなりました（図3-6-3）。

実は、通常の状態では、北が上がって、南が下がるような地面の動きです。それでも、地震の隆起・沈降量が大きいので、その差が地震のたびに積み重なります。現在、室戸半島の南端で海抜一八〇メートル付近には、今から約一三万年前の海底に堆積した地層が存在して、南海地震のシーソー運動がくり返されていることを裏づけています。

第四章

活断層地震に襲われた人々

地震考古学で読み解く②

「島原大変肥後迷惑」を引き起こした普賢岳前山の大崩壊。

1 記録に残る最古の地震——発掘調査で存在を証明

白村江《はくそんこう》の戦いに敗れた天智《てんじ》天皇は、唐・新羅連合軍の攻撃から倭国を守るために、九州の対馬《つしま》・壱岐《いき》・筑紫《つくし》に防人《さきもり》と烽火台《のろしだい》を置き、太宰府《だざいふ》を囲むように「水城《みずき》」をめぐらせました。水城は、大きな堤を築き、その背後に溝を掘って水を湛《たた》えた防御用の建造物です。さらに、近江《おうみ》（琵琶湖の南西岸）に都をうつし、筑紫の大野城《おおのじょう》・基肄城《きいじょう》、讃岐の屋島《やしまの》城《き》、対馬の金田城《かねだじょう》、畿内《きない》の高安城《たかやすじょう》などを築いています。

天智天皇の死から半年後、第一皇子である大友皇子の命を奪ったのは、外敵ではなく、弟の大海人皇子でした。彼は即位して天武天皇となり、国際的な立場で国の歴史をしめすために『日本書紀』の編纂を命じました。

『日本書紀』に「地震」という言葉が登場するのは四一六年八月二三日（允恭《いんぎょう》五年秋七月一四日）です。「これより先、天皇は玉田宿禰《たまだのすくね》に反正《はんぜい》天皇の殯《もがり》（葬儀）を命じた。地震のあった夜、尾張連吾襲《おわりのむらじあそ》を遣わして、殯宮《もがりのみや》（遺体安置所）の様子を見させられたが、玉田宿禰だけがいなかった。彼は殯をさぼって、酒宴をしていたが、やって来た尾張連吾襲を殺して、武内宿禰《たけうちのすくね》の墓地に逃げた」という内容で、どんな地震だったのかはわかりません。

地震の具体的な被害について、最初に書かれたのは天武七年一二月条です。「一二月二七日、臘子鳥《あとり》が空を覆って西南から北東に飛んだ。この月に、筑紫国で大地震があった。地面が広さ二丈、長さ三千余丈にわたって引き裂かれ、どの村でも多くの民家が倒壊した。この時に、丘の上にあった民家が、地震のあった夜に、丘が崩れて移動した。しかし、家は壊れず、家の住人は丘が崩れて家が移動したことに気づかず、夜が明けてから大いに驚いた」

この地震（筑紫地震）によって、幅六メートルの地割れが約一〇キロつづき、多くの民家が倒れたことがわかります。西暦六七九年初頭の出来事ですが、時は廻って一九八八年、考古学の発掘調査で地震の存在が確認されました。

福岡県久留米《くるめ》市の上津《かみつ》町には、最大幅三〇メートルの土塁《どるい》（上津土塁）があります。唐・新羅連合軍が有明海から上陸して、太宰府を背後から攻撃することに備えたもので、博多湾側の水城に匹敵する規模です。

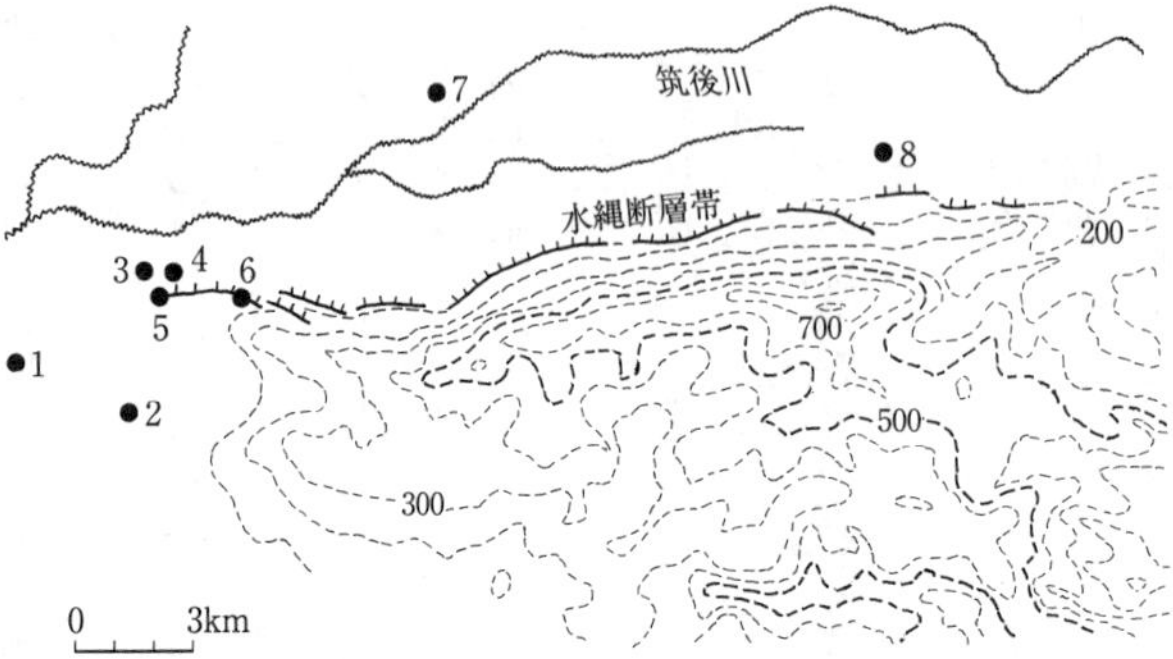

図４－１－１　**水縄断層帯と地震痕跡**（『地震考古学』中公新書に加筆）
太い実線は活断層を示す。黒丸印は地震痕跡が見つかった遺跡。
１：庄屋野遺跡、２：上津土塁、３：筑紫地震国府跡第113次調査地点、
４：筑紫地震国府跡第97次調査地点、５：筑紫地震国府跡第64次調査地点、
６：山川前田遺跡、７：古賀ノ上遺跡、８：吉井大手木遺跡

この土塁の調査を担当した久留米市教育委員会の松村一良さんは、締め固めた土（版築《はんちく》土）が大きく滑り落ちた痕跡に注目しました。これが、八世紀後半の遺物を含む地層で修復されていたので、日本書紀に登場する筑紫地震が原因と考えたのです。

その後、彼が調査した筑後国府跡《ちくごこくふ》の大溝発掘地点（第九七次調査）で、液状化跡が見つかりました。地下に堆積した、白色で粒の細かい砂層（極細粒砂《ごくさいりゅうさ》層）で液状化現象が発生して、溝に堆積した黒い粘土を引き裂きながら噴砂が上昇していました。噴砂の通り道である砂脈は、多数の細い帯となり、地下から吹き出した白い花火のような情景でした。七

世紀後半頃の地層を引き裂き、八世紀中頃の地層に覆われるので、「砂の花火」が打ち上げられたのは西暦七〇〇年前後です。

久留米市周辺の遺跡から、液状化現象や地割れなどの地震痕跡が次々に発見されていますが、いずれも七世紀後半を含む年代でした（図4-1-1）。たとえば、久留米市の北にある福岡県三井《みい》郡北野《きたの》町（現・久留米市）の古賀ノ上《こがのうえ》遺跡で、北野町教育委員会が発掘調査を行った時には、地割れや、幅数センチの砂脈が見つかりました。六世紀後半の住居跡を引き裂く砂脈を、八世紀の掘立柱建物《ほりたてばしらたてもの》跡の柱穴が貫いていました。

久留米市の東部で東西にのびる耳納《みのう》（水縄《みのう》）山地の北縁《ほくえん》には、水縄断層帯という活断層のグループが発達しています。この断層帯の南側が上昇して、北側が沈降するような断層活動をくり返すことによって、耳納山地がそびえて、筑後平野が広がったのです。

一九九二年の暮れに、私は、遺跡で見つかった地割れ跡を観察するために久留米市を訪れました。夕方になって雑談している時に、偶然、水縄断層帯を構成する活断層の一つである追分《おいわけ》断層の直上で、山川前田《やまかわまえだ》遺跡の発掘調査が行われていることを知りました。

翌日、松村さんたちと一緒に、断層が通過すると考えられる位置で、断層と直交する方向に地層を細長く掘り下げました。すると、ほぼ水平に堆積した黒い粘土層が、上下に二メートルほど食い違っていたのです。粘土の上部に姶良《あいら》Tn火山灰が積もっていたので、これ以降の断層活動で切断されたことがわかります。ちなみに、鹿児島湾の北部にあった姶良カルデラが、今から約二万数千年前に噴火して、姶良Tn火山灰が日本の広い範囲に降り注いでいます。

その後、松田時彦さん（現・地震予知総合研究振興会）・千田昇さん（大分大学）・久留米市教育委員会が詳しい調査を行い、姶良Tn火山灰が降下した後に、追分断層が三回活動したことがわかりました。

断層活動で切断された地層の上部から六世紀の土師器《はじき》が見つかり、一三～一四世紀の地層が断層を覆って水平に堆積していました。ですから、もっとも新しい断層活動は、六世紀より後で、一三世紀より前になります。

この期間に、九州北部で発生した大地震として記録されているのは、筑紫《つくし》地震だけです。また、周辺の遺跡で見つかった地震痕跡が七世紀後半頃の年代をしめすことから、『日本書紀』の天武七年一二月条に記された地震は、水縄断層帯の活動で引き起こされたと考えられます。

六七九年、年明け早々のある夜。突如、水縄断層帯が活動して地面が食い違い、耳納山地が少し高くなりました。その時の激しい揺れによって、家々が倒れ、砂を含んだ地下水がゴボゴボと流れ出したのです。

耳納山地の北西に位置する久留米市合川《あいかわ》町には、筑後国府の前身となる役所がありました。この地震について、役所から太宰府を経由して都に報告されて、『日本書紀』に記録されたのでしょう。

水縄断層帯の長さは二〇キロ余りですから、「長さ三千余丈にわたって地面が引き裂かれ」という記述は、必ずしも誇張とはいえません。断層に沿って上下に食い違いながら、周辺の地面が引き裂かれた情景が目に浮かびます（写真4－1）。

写真4－1　山川前田遺跡の活断層跡
水縄断層帯の追分断層では、679年の活動で右側（耳納山地側）が上昇し、地層が傾いて真ん中に地割れが生じ、写真左端では地層が変位している。

松村さんは、耳納山地の山腹を囲むように並べられた大きな石（高良《こうら》山《さん》神籠石《こうごいし》）の一部が、この地震で崩れたことを指摘しています。このように、山地や周辺の丘で崩壊や地滑りが発生したはずですが、『日本書紀』に「家の人が夜明けまで気づかなかった」という記述があります。真夜中の地震でゆっくりと滑り落ち、家の人が朝まで気づかなかったことが話題になって、報告されたのでしょうか。

白村江の戦いによって、海外から侵攻される危機が迫り、九州の北部が注目を集めました。地震の少ない地域ですが、記録に残る唯一の大地震が、偶然、歴史の激動期に発生したのです。

筑紫地震については、活断層も特定され、地震の全体像がわかります。ですから、逆に、考古学の遺跡発掘調査において、「六七九年」をしめす年代基準になります。つまり、地震痕跡に引き裂かれた遺構が筑紫地震より前で、痕跡の上に作られた遺構はそれ以後ということです。

『日本書紀の謎を解く』（森博達、中公新書）によると、日本書紀の編纂には、山田史御《やまだのふひとみ》方《かた》・紀清人《きのきよひと》・三宅藤麻呂《みやけのふじまろ》の他、唐人の続守言《しょくしゅげん》・薩弘恪《さっこうかく》も加わったそうです。天武天皇の立場を正当化するような史実の改ざんや、中国の歴史を模倣した箇所が多いという指摘もあります。

しかし、筑紫地震や、前述の白鳳南海地震（第三章1）は、編纂作業を行った人たちにとって「現代の地震」なので、情報も豊富だったはずです。地震に関する記述には大きな矛盾がなく、事実に沿って書かれたようです。

2 菅原道真を悩ませた地震――貴族たちの震災体験

「学問の神様」として知られる菅原道真《すがわらのみちざね》。彼を祀《まつ》った京都の北野天満宮や、神戸の北野天満神社には、合格を祈願する受験生たちが訪れます。

九世紀を代表する知識人で文章博士《もんじょうはかせ》の菅原是善《これよし》は、三男の道真に大きな期待を寄せていました。文章生《もんじょうしょう》の試験が近づくと、毎日のように作詩の特訓を重ねましたが、その甲斐あって、道真は最年少の一八歳で見事に合格しています。

文章生は二〇人で、とくに優れた二人が文章得業生《とくごうしょう》に選ばれます。そして、彼らを待ち受けるのは、最高の国家試験「方略試《ほうりやくし》」です。八六七年に得業生となった道真は、寸暇《すんか》を惜しんで勉学に励み、三年後に方略試を受験しました。

試験では、「秀才菅原に策す文二条」として二問が出題されましたが、最初の問題が「氏族を明らかにせよ」、次が「地震を弁《わきま》えよ」でした。

実は、この二年前の八六八年八月三日（貞観《じょうがん》一〇年七月八日）に播磨国《はりま》（兵庫県南西部）で播磨地震、翌年七月一三日（旧暦五月二六日）には東北地方の太平洋沿岸で貞観地震が発生したので、京都でも地震に対する関心が高かったようです。

播磨などの国の行政官として中央から派遣される国司《こくし》には、守《かみ》・介《すけ》・掾《じょう》・目《さかん》という四つの冠位がありますが、道真に出題した都良香《みやこのよしか》は、貞観一〇年一月一六日に播磨国の権大目《ごんのだいさかん》に任命されています。

道真の解答に対して、良香は、第一問では歴史の考証の不備を指摘しています。第二問では、地震の起きる理由が押しきわめられておらず、みだりに種々の考えを述べ、震動は大亀が六万年に一度交代することなどにこじつけていて、引用した「念仏三昧経《ねんぶつざんまいきょう》」や「大智度論《だいちどろん》」は六種類の地震をしめすだけという厳しい評価です。それでも、文章は彩を成し、文体に観るべき点があり、筋道はほぼ整っているとして、「中の上」で合格と判定しました。

方略試は採点が厳しいことで定評があり、実は、父の是善も同じ成績でした。それでも、良香の評定文を読んだ道真は落胆して、父の期待に添えなかったことを恥じています。

一方、道真に対する問題文にしても、沈静で従順なものがどうして本来の性質を変化させるのか、震動の跡が国の果てまでつづくのはどうしてかなどと、漠然とした内容が並ぶだけで、出題した都良香も地震のことはわかっていません。

地震のメカニズムが解明されるのは、プレートテクトニクス理論が定着した一九六〇年代ですから、もちろん、彼らを責めることはできません。

『日本書紀』のように、天皇の勅命のもとで編纂された六つの歴史書を「六国史《りっこくし》」といいます。全国から集められた史料にもとづいて、漢文で、年月日の順に（編年体で）書かれています。

『日本書紀』につづく『続日本紀《しょくにほんぎ》』は文武《もんむ》天皇から桓武《かんむ》天皇までの六九七〜七九一年、『日本後紀《にほんこうき》』は桓武天皇から淳和《じゅんな》天皇までの七九二〜八三三年、『続日本後紀《しょくにほんこうき》』は仁明天皇の八三三〜八五〇年、『日本文徳天皇実録《にほんもんとくてんのうじつろく》』は文徳天皇の八五〇〜八五八年、『日本三代実録《にほんさんだいじつろく》』は清和《せいわ》・陽成《ようぜい》・光孝《こうこう》天皇の八五八〜八八七年です。

図4-2-1　菅原道真と地震
地震について出題されて困った道真だが、日本の地震について年代順に収集している。

菅原道真は『類聚国史《るいじゅこくし》』（八九二年成立）を編纂して、六国史の内容を、神祇部・帝王部・音楽部・田地部などの大項目と、その下の小項目に分類しました。全二〇〇巻で、そのなかの六二巻が現存しています。原文を忠実に引用しているので、四分の一しか残っていない『日本後紀』などは類聚国史で補うことができます。

『類従国史』「災異部《さいい》」の五番目の小項目が「地震」です。地震を出題されて苦しんだ道真ですが、六国史から地震の記録を選び出したので、日本で最初に「地震年表」を作成した学者といえるでしょう（図4-2-1）。

大宝律令《たいほうりつりょう》が成立した七〇一（大宝元）年。『続日本紀』によると、五月一二日（旧暦三月二六日）に丹波《たんば》国で地震がありました。七一〇年に奈良の平城京《へいじょうきょう》に遷都《せんと》してからは、七一五年七月四日（和銅《わどう》八・霊亀《れいき》元年五月二五日）に遠江《とおとうみ》、翌日に三河《みかわ》で地震がありました。

遠江の地震について、山が崩れて麁玉河《あらたまがわ》（馬込川《まごめ》）がせき止められたため、水が下流に流れず、数十日後に決壊して、敷智《ふち》・長下《ながのしも》・石田《いわた》の三郡の民家一七〇余りが水没し、田の苗にも損害が出たと『続日本紀』に書かれています。一方、『扶桑略記《ふそうりやっき》』にも同じ内容が書かれていますが、和銅七年二月となり、地震の年代が少し異なります。

長野県の最南端で、海抜三〇〇メートルの位置で天竜川《てんりゅう》に流れこむ遠山川《とおやま》。この川は急峻で豊富な水量を誇っています。この川沿いで、土砂崩れによる埋没林が発見されましたが、年輪年代は七一四年となり、むしろ、『扶桑略記』の記述に合致しているようです。

七三四年五月一八日（天平六年四月七日）の地震では、家屋が倒れて多くの人が圧死し、山が崩れて川をせき止め、多くの地割れが生じました。聖武天皇は畿内七道諸国の神社の被害を調べ、御陵などの被害を検査するように命じています。和歌山県北部を流れる紀の川の北側に沿う根来断層（中央構造線断層帯）について、二〇〇七年に実施されたトレンチ調査で、八世紀頃に活動したことがわかったので、この地震を引き起こした有力な候補となります。

七四〇（天平一二）年に藤原広嗣《ひろつぐ》の乱が起こりました。この直後、聖武天皇は奈良の都を離れて、伊勢《いせ》国と美濃《みの》国を訪れた後、京都盆地南部の恭仁京《くにきょう》（現・木津川市《きづがわ》）に遷都し

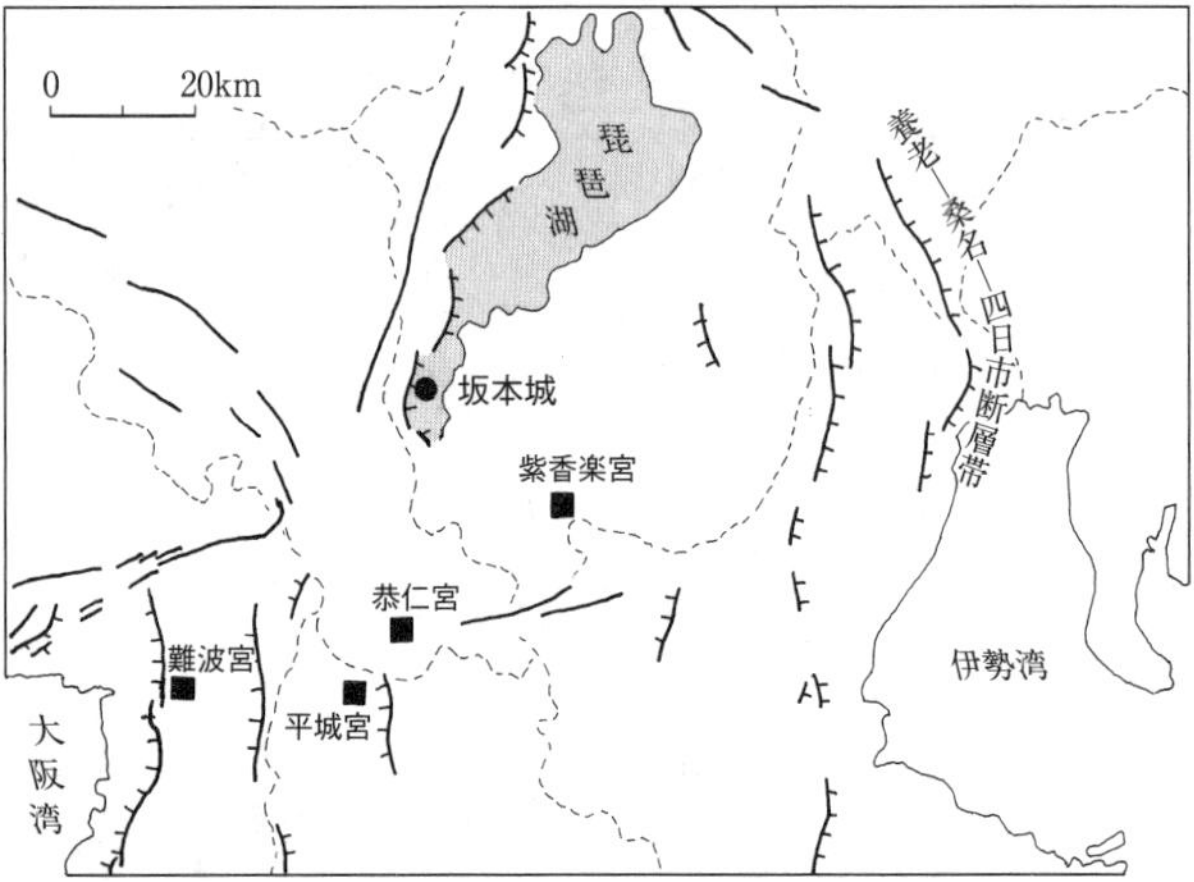

図4-2-2　聖武天皇の遷都と活断層
太い実線が活断層、細い破線で示したのは当時の国境。

ました。そして、七四二（天平一四）年には近江《おうみ》国甲賀《こうか》郡に紫香楽宮《しがらきのみや》の造営をはじめ、翌年、大仏を建立する詔を出しました。かと思えば、天平一六（七四四）年二月には難波宮《なにわのみや》を皇都《こうと》と定め、天平一七（七四五）年の正月には、紫香楽京に遷都しました。

このような流転の日々が、突然、幕を閉じることになりました。天平一七年五月五日に紫香楽宮を去って平城京に遷都し、これ以降、都が奈良（平城宮）に定まったのです。そして、現在の東大寺の地で大仏造営が再開されました。

聖武天皇に、紫香楽京を去って平城京に戻る決断をうながした理由として、放火の可能性が高い山火事が頻発したことが挙げられます。しかし、決定的なのは地震です。『続日本紀』には、七四五年六月五日（天平一七年四月二七日）に一晩中地震があり、（大きな余震が）三昼夜つづいた。美濃国（岐阜県南部）では、地方行政府である国衙《こくが》の櫓《やぐら》・館《やかた》・正倉《しょうそう》、仏寺の堂《どう》や塔《とう》、人々の家屋が被害を受けたと書かれています。その他、各地で地面に亀裂が生じて泉水が湧きだしたという液状化現象の記述があり、余震が長い間つづきました（図4-2-2）。

養老《ようろう》山地の東縁から、桑名《くわな》市と四日市《よっかいち》市の伊勢湾沿岸に沿って南北にのびる活断層のグループが養老―桑名―四日市断層帯です。地質調査所の須貝俊彦さん（現・東京大）たちの調査で、この断層帯が活動して七四五年の地震を引き起こしたことがわかりました。この時の活断層に沿う地面の食い違いは最大で六メートルと予想されていますが、紫香楽宮付近でも、震度5以上の強い揺れがあったはずです。

天皇が、地震から五日後（旧暦五月二日）に諸司の官人たち、翌々日（五月四日）に僧侶たちの意見を聞くと、皆、平城を都とすべきだと答えました。

その後、養老―桑名―四日市断層帯は、戦国時代末期の一五八六年にも活動しました。

この時には、琵琶湖南西岸の坂本《さかもと》城（現・大津《おおつ》市）にいた羽柴《はしば》秀吉《ひでよし》が、地震に肝《きも》をつぶして、大坂城に逃げ帰っています（第四章4）。

菅原道真が編纂した『類聚国史』には、弘仁《こうにん》九（八一八）年七月に関東北部の相模・武蔵・下総・常陸・上野・下野などの国に被害を与える地震があって、山が崩れて谷を埋め、数えられないほど多くの人々が圧死したと書かれています。そして、群馬・埼玉両県の多くの遺跡から、この年代の地割れや液状化現象の痕跡が見つかりました。

この地域には、北西―南東方向にのびる関東平野北西縁断層帯がありますが、トレンチ

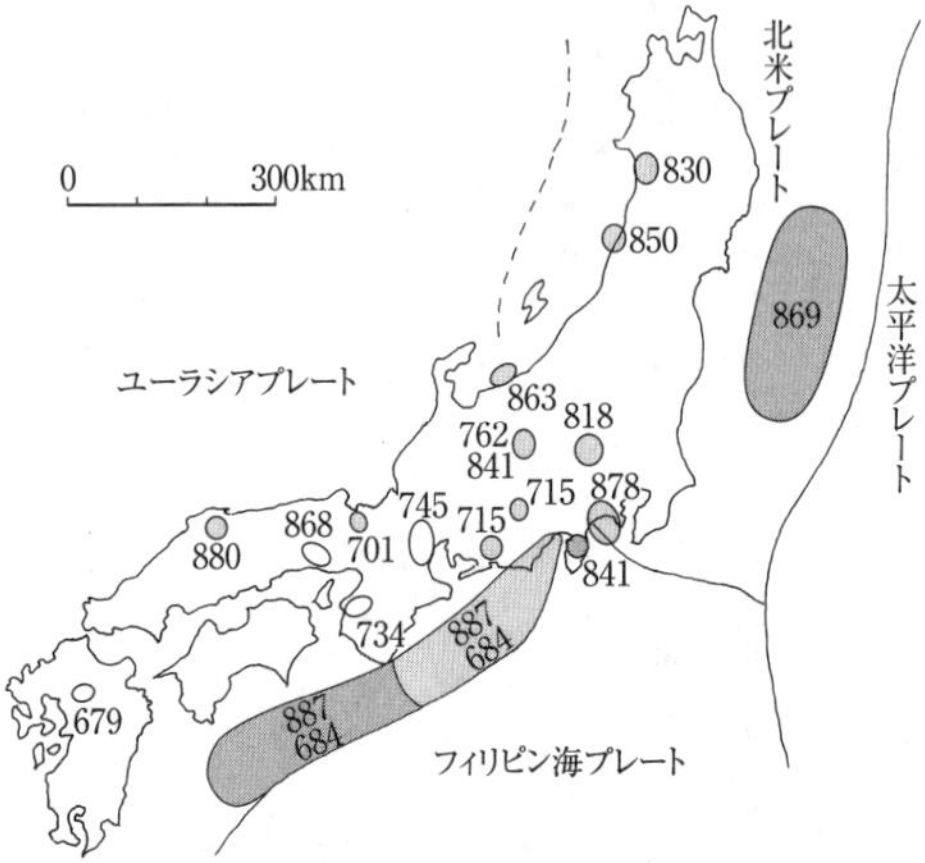

図4-2-3　六国史に書かれた地震の位置（『地震の日本史』中公新書に加筆）
西暦で示したのは発生年で、濃いアミは地震が発生した位置（活断層など）が判明しているもので、発生場所を推定したものや発生を推測したものは薄いアミで示した。

調査からわかるもっとも新しい活動年代は約三五〇〇年前なので、八一八年の地震に対応しません。現在では、関東平野の地下深く潜りこんだ太平洋プレートの内部で発生した「スラブ内地震」という説が有力です（図4－2－3）。

八三〇（天長七）年に東北地方の出羽国《でわ》（現在の秋田・山形）から京都に駆けつけた使者が、二月三日午前八時頃（一月三日辰刻《たつのこく》）の地震で、秋田城が被害を受けたことを伝えました（『類聚国史』）。城や官舎とともに四天王寺《してんのう》の丈六仏像《じょうろくぶつぞう》や四王堂舎《しおうどうしゃ》が倒れ、城内の家屋も倒壊して一五人が圧死し、一〇〇余人が大怪我をしました。長さ三〇丈（九〇メートル）から二〇丈の地割れが生じ、秋田川（雄物川《おもの》）の底が引き裂かれた様子で水が涸れました。添川《そえ》（旭川《あさひ》）と覇別河《はわけ》（太平川《たいへい》）の川岸が崩壊して川をせき止め、水があふれ出しました。

しばらくして、少し南で地震が起こりました。八五〇（嘉祥《かしょう》三）年に出羽国が激しく揺れ、地形が変わって窪泥のようになり、海水が国府から六里のところにまで迫り、大川《おお》（最上川《もがみ》）が崩壊し、両岸の地域が被害を受けたことが『日本三代実録』の仁和《にんな》三（八八七）年五月条に書かれています。菅原是善・都良香らが編纂して、菅原道真が序文を書いた

『日本文徳天皇実録』によると、庄内平野《しょうない》にあった国府の城柵が、この地震で傾いています。

七六二年六月九日（天平宝字《てんぴょうほうじ》六年五月九日）に、美濃・飛騨《ひだ》・信濃《しなの》で地震がありました（『続日本紀』）。そして、信濃で地震があって建物が倒れたことを、八四一年三月一三日（承和《じょうわ》八年二月一三日）に国司が報告しています（『続日本後紀』）。どちらも、日本列島を胴切りにする活断層（糸魚川《いといがわ》―静岡構造線断層帯）の一部が活動したと考えられています。この断層帯に属する松本盆地南東縁の牛伏寺《ごふくじ》断層は、約一〇〇〇年の間隔で活動をくり返していますが、七六二年か八四一年に活動した後、現在まで沈黙を保っています。

同じ八四一年には伊豆半島でも大地震があり（『続日本後紀』）、トレンチ調査の結果、伊豆半島北部の北伊豆断層帯から発生した地震とわかりました。この断層も一〇〇〇年程度の間隔で活動をくり返していますが、一九三〇（昭和五）年一一月二六日に活動して北伊豆地震（M7・3）を引き起こしています。

翌（八四二）年、伴健岑《とものこわみね》と橘逸勢《たちばなのはやなり》が謀反の疑いで捕らえられ、仁明《にんみょう》天皇の皇太子である恒貞《つねさだ》親王も失脚した「承和の変」が起きました。

この後、八六三年七月一〇日（貞観五年六月一七日）に越中と越後を襲った地震について『日本三代実録』に書かれています。新潟県長岡市の八幡林《はちまんばやし》遺跡で九世紀中頃の地割れ跡が発見されており、この地震で生じた可能性があります。

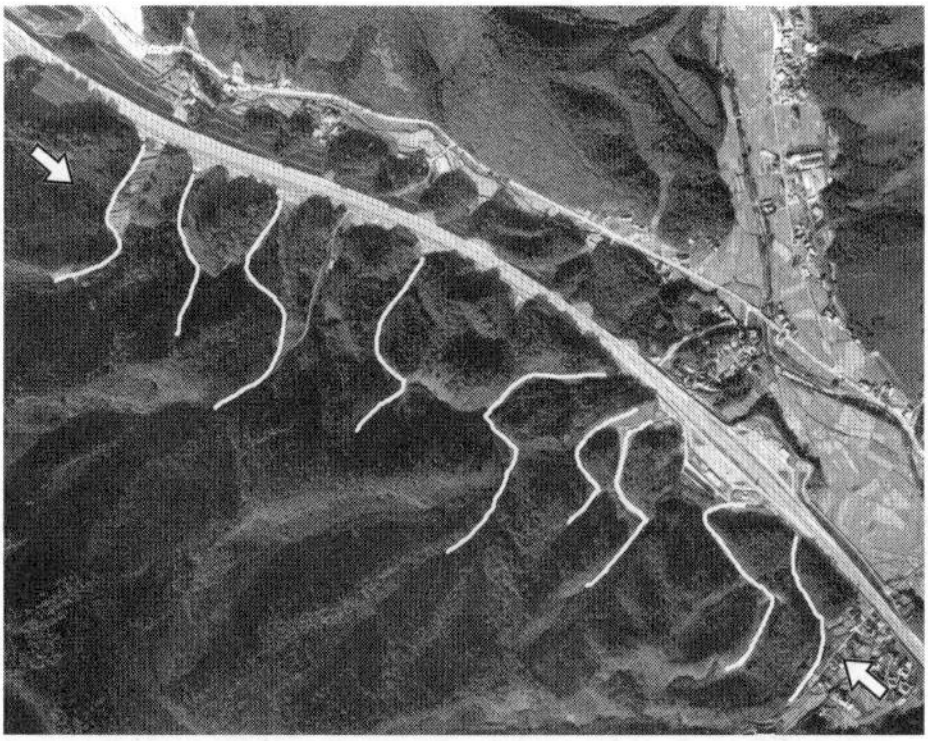

写真4-2　山崎断層の空中写真
矢印の位置に断層が位置している。断層活動のたびに左横ずれ変位を繰り返すので、断層を横切る河谷が左横ずれ方向に折れ曲がっている。現在では、中国自動車道が山崎断層に平行して走っている（国土地理院撮影の空中写真、CCG-76-7, C21B-26）。

大内裏《だいだいり》の応天門《おうてんもん》と左右の楼閣が焼け落ちて伴善男《とものよしお》が失脚した怪事件（応天門の変）。この二年後の八六八年八月三日（貞観《じょうがん》一〇年七月八日）に大地震があって諸郡の官舎や諸定額寺《じょうがくじ》の堂塔がすべて倒壊したことを、播磨国司が七日後に報告しました（『日本三代実録』）。この二年後に、文才に秀でた都良香が播磨国司から中務省《なかつかさしょう》の内記に転任して方略試の問題を作り、菅原道真が受験したのです。

岡山県英田《あいだ》郡大原《おおはら》町（現・美作市）から兵庫県三木《みき》市にかけて、山崎《やまさき》断層帯が北西—南東方向にのびています。横ずれ変位が明瞭な活断層なので、多くの丘陵や河川が左横ずれ方向に鋭く折れ曲がっています。そして、一九七九年に実施されたトレンチ調査の結果、この断層帯が活動して八六八年の「播磨地震」を引き起こしたことがわかりました（写真4－2）。

菅原道真が中心になって編纂した『日本三代実録』によると、八六九年七月一三日（貞観一一年五月二六日）に陸奥《むつ》国で大きな震動があって、津波が多賀《たが》城の城下まで押し寄せて約一〇〇〇人が溺死しました。太平洋海底のプレート境界から発生した巨大地震と考えられています。

また、八七八年一一月一日（元慶二年九月二九日）夜の地震で、相模・武蔵が著しい被害を受け、すべての建物が壊れ、地面は落ちこんで、道路は不通になり、多くの人々が圧死しました。この時、相模国国分寺（神奈川県海老名《えびな》市）の金色薬師《こんじきやくし》丈六《じょうろく》像《ぞう》や挟侍菩薩《きょうじぼさつ》像が壊れました（『日本三代実録』）。

神奈川県伊勢原《いせはら》市内を南北に走る伊勢原断層は、東側が上昇する活動を行っています。八七八年の地震について、この断層の活動、あるいは、相模トラフのプレート境界から発生した巨大地震（古代の関東地震）という説があります。
二年後の八八〇年一一月二三日（元慶《がんぎょう》四年一〇月一四日）に出雲《いずも》で地震がありました。そして、神社・仏寺・官舎・民家などが倒壊して、多くの死傷者があったことを出雲国司が報告しています（『日本三代実録』）。

菅原道真は、仁和二年の正月に讃岐守に任命されて、現在の香川県に四年間赴任しました。滞在中の八八七年八月二六日午後四時頃（仁和《にんな》三年七月三〇日申刻《さるのこく》）に仁和南海地震（第三章2参照）が発生して、畿内や、道真の任地の四国が大きな被害を受け、大阪湾にも津波が押し寄せたのです（『日本三代実録』）。

道真は、昌泰《しょうたい》四・延喜《えんぎ》元（九〇一）年一月に太宰府への赴任を命じられ、望郷の念と憤りのなかで、二年後に、五九歳でこの世を去りました。その後、彼の左遷に加担した人たちに不幸な出来事がつづきましたが、すべてが菅原道真の怨霊《おんりょう》のなせる業として、太政《だじょう》大臣《だいじん》・正一位《しょういちい》の地位が与えられました。そして、京都北野に天満宮天神が祀られたのです。

とくに衝撃が大きかったのは、大納言藤原清貫《きよつら》が即死した清涼殿《せいりょうでん》の落雷事件です。これによって道真は雷神となり、天神（雷神）信仰の対象でしたが、後に、学問信仰の神様になりました。

地震と縁の深い人生を送った道真ですが、怨霊となって雷を落とすことはあっても、地震を起こそうとは思わなかったようです。

3 揺れ沈む巨大な湖——湖がどうやってできたか

一九八六年の春、私は、地震の史料を調べるために、滋賀県高島《たかしま》郡今津《いまづ》町（現・高島市）の町史編纂室を訪ねました。そこで、偶然、出会った葛原《くずはら》秀雄さんから、考古学の遺跡調査で見つかった「奇妙な砂」の話を聞きました。

彼が発掘していた北仰《きとげ》西海道《にしかいどう》遺跡は、縄文時代から弥生時代にかけての大規模な集団墓地ですが、幅約一メートルの砂の詰まった帯が、墓地を横切って真っすぐにのびていました。葛原さんが、この帯を掘り下げてみると、数十センチほど下の砂層まで達していて、そこから砂が上昇していたのです。

早速、現場へ駆けつけて詳しく観察すると、地下の砂層で液状化現象が発生して、上を覆う粘土層を引き裂いて噴砂が流れ出した痕跡でした。さらに、古い墓は噴砂に引き裂かれており、噴砂の上に新しい墓が設置されていました。それぞれの墓が作られた年代がわかるので、これを用いると、縄文時代晩期で、今から三〇〇〇年余り前に大きな地震に襲われたことになります。

私が考古学の発掘現場で最初に出会った地震痕跡です。これが契機となって、一九八八年五月に新しい研究分野「地震考古学」を誕生させました。

北仰西海道遺跡は琵琶湖の北西岸に位置しています。そもそも、この湖は地震によって生み出されたのです。具体的にいうと、周辺に分布する活断層の活動によって生じた巨大な水瓶《みずがめ》が琵琶湖なのです。

琵琶湖の西岸に沿って、南北にのびるのが琵琶湖西岸断層帯です。さらに西側の比良《ひら》山地で、北北東―南南西方向に走るのが花折《はなおれ》断層で、両側の岩盤を右横ずれ方向に変位させています。湖の北側には、長さ一〇キロ前後の活断層がありますが、北東―南西方向の断層は右横ずれ、北西―南東方向の断層が左横ずれと、活動の仕方は決まっています（第一章参照）。

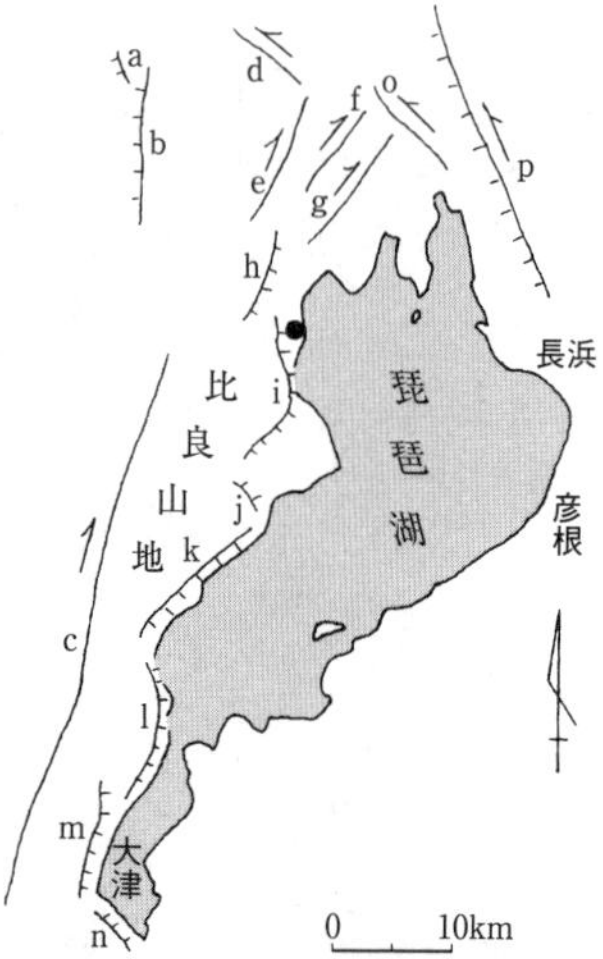

図4－3－1　琵琶湖周辺の活断層

a 日向断層、b 三方断層、c 花折断層、d 野坂断層、e 敦賀断層、f 駄口断層、g 路原断層　h 酒波断層、i 饗庭野断層、j 拝戸断層、k 比良断層、l 堅田断層、m 比叡断層、n 膳所断層、o 集福寺断層、p 柳ヶ瀬断層　（h～nが琵琶湖西岸断層帯）　黒丸印は北仰西海道遺跡を示す。

このなかで、琵琶湖の形成にもっとも貢献しているのが琵琶湖西岸断層帯です。上下方向に変位する断層なので、断層活動で隆起した西側が比良山地となり、沈降した東側の低地が満々と湖水を蓄えました。この巨大な水溜まりは、周囲から流れこむ河川が運んだ土砂で、少しずつ埋められます。しかし、埋めきらないうちに次の地震（断層活動）で沈むので、巨大な湖として存続しつづけているのです（図4－3－1）。

高島市内で今津町の南隣にあるのが新旭町《しんあさひ》（現・高島市）です。一九八七年に滋賀県文化財保護協会が、新旭町の湖岸から約二五〇メートル沖合を矢板《やいた》で仕切って、針江浜《はりえはま》遺跡の発掘調査を行いました。そして、現在の湖底から一メートルの深さに、かつての陸地を発見したのです。

湖に沈んだ地面には、弥生時代Ⅱ期の土器の他に、当時の水田用の溝と木製品が見つかり、柳の木々が横倒しになっていました。そして、地面から数十センチほど下に堆積した砂礫《されき》層が液状化して、上を覆う粘土を引き裂きながら噴砂が流れ出していました。

ちなみに、弥生時代は五つの時期に区分されており、Ⅰ期が弥生時代前期、Ⅱ〜Ⅳ期が中期、Ⅴ期が後期になります。

噴砂が、湖底に堆積した粘土に覆われているので、地震とともに、当時の湖岸が水没したと考えられます。弥生時代Ⅱ期の末頃、あるいはⅢ期のはじめの地震で陸地が沈み、砂を含んだ地下水がゴボゴボと流れ出したのです（図4-3-2）。

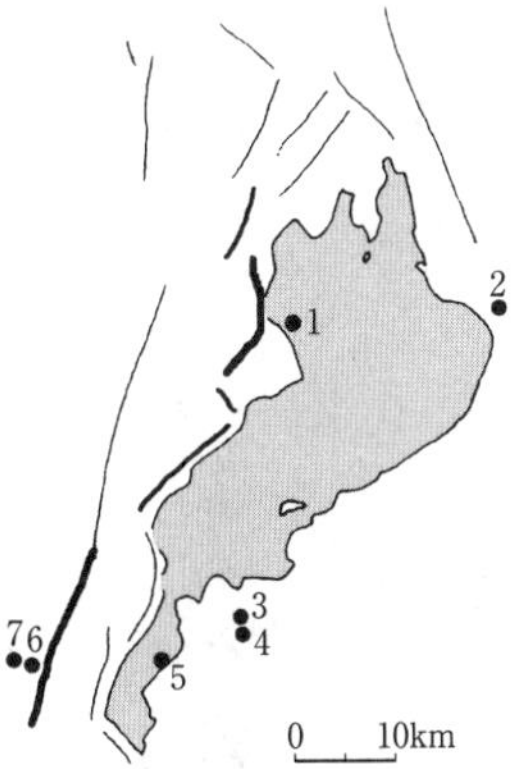

図4-3-2　弥生時代頃に活動した断層と地震痕跡

活動したことが確実な活断層を最も太い実線、活動した可能性が高い活断層を次に太い実線で示した（この章の他の図でも同じ）

1：針江浜遺跡、2：正言寺遺跡、
3：湯ノ部遺跡、4：八夫遺跡、
5：津田江遺跡、6：北白川廃寺、
7：京都大学北部構内遺跡

図4-3-3にしめした針江浜遺跡の液状化跡は、興味深い資料です。礫《れき》（最

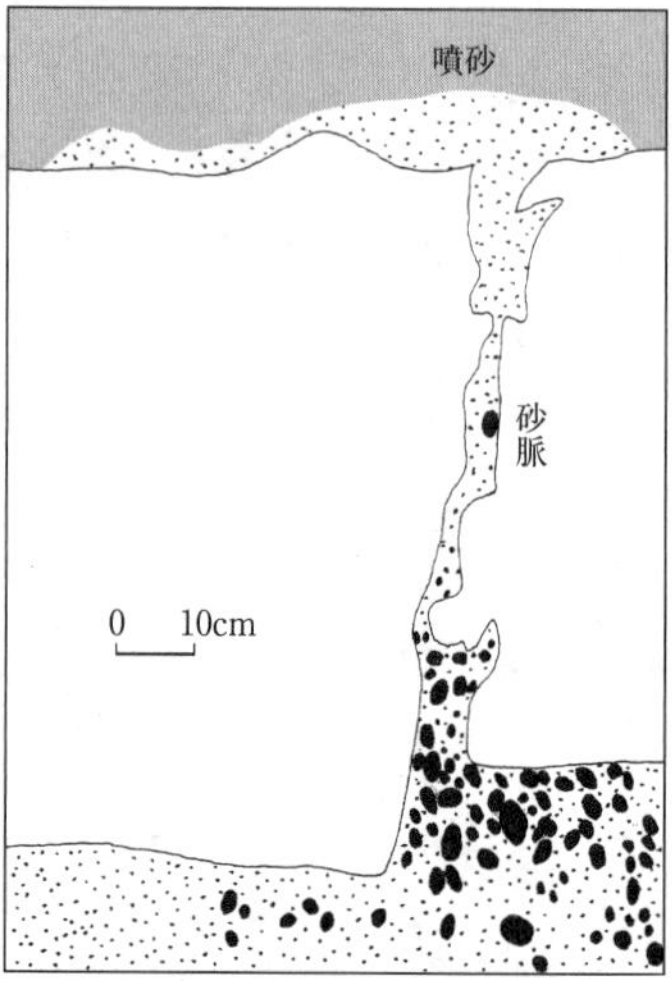

図4－3－3　針江浜遺跡の液状化跡
大きな礫を含む地層で液状化現象が発生して、砂と小さな礫だけが地面に流れ出している。白抜きは地震前に堆積していた粘土で、アミで示したのは地震直後に湖底に堆積した粘土。

大七センチ）を含んだ砂礫層で液状化現象が発生していますが、大きな礫は途中で取り残されて、地面には砂と小さな礫だけが広がっています。

ちなみに、二ミリ以上の粒子を礫といいますが、俗にいう「小石」や「石ころ」です。二ミリより小さい粒子が砂で、粒子の大きさに応じて、粗粒砂《そりゅうさ》・中粒砂《ちゅうりゅうさ》・細粒砂《さいりゅうさ》・極細粒砂《ごくさいりゅうさ》に区分されます。そして、砂と礫の混じり合った地層を「砂礫層」といいます。

地面に広がった噴砂だけを観察すると、地下では、砂の層で液状化現象が発生したと思ってしまいます。ところが、実際に液状化現象が発生したのは、小石などの大きな礫を多く含んだ砂礫層です。このように、液状化した地層のなかで、「軽くて運びやすい」小さな粒子だけが地面に流れ出すことが多いのです。地震が発生して、現地で噴砂を観察する場合に、「地面に流れ出した粒子」が「液状化した粒子」と同じとは限らないという教訓をしめしています。

一方、琵琶湖の北東岸にある正言寺《しょうごんじ》遺跡でも、長浜《ながはま》市教育委員会の発掘調査で液状化現象の痕跡が見つかりました。液状化した地層から上昇した噴砂のなかに弥生時代Ⅱ期の土器片が含まれていたので、Ⅱ期以降の地震とわかります。さらに、これを覆う地層が弥生時代Ⅳ期なので、Ⅱ期より後でⅣ期より前、つまり、弥生時代Ⅲ期頃の液状化跡となります。

琵琶湖の南岸にある草津《くさつ》市の津田江《つだえ》（湖底）遺跡や湯ノ部《ゆのべ》遺跡でも、滋賀県文化財保護協会の発掘調査で弥生時代Ⅱ〜Ⅲ期の液状化跡が見つかっています。

少し東に位置する八夫《やぶ》遺跡では、中主《ちゅうず》町（現・野洲《やす》市）教育委員会が調査を行いましたが、弥生時代Ⅱ〜Ⅳ期の地震によって、大きな礫を含む砂礫層で液状化現象が発生していました。砂脈の幅は一・二メートルに達しており、最大一〇センチの礫も上昇していました。

このように、弥生時代のⅡ期からⅢ期にかけての年代に、琵琶湖全体を激しく揺らせるような地震が発生して湖岸が水没したようです。

琵琶湖の南端から数キロ西に京都盆地がありますが、盆地北東部の遺跡でも、同じ年代の地震跡が発見されています。

京都大学埋蔵文化財研究センターが行った京都大学北部構内遺跡の発掘調査では、弥生時代I・II期の地層を引き裂く砂脈が、それ以後の地層に覆われていました。また、京都市埋蔵文化財研究所による北白川廃寺《きたしらかわはいじ》跡の調査で、幅一・八メートルの大規模な砂脈が見つかりましたが、これも弥生時代頃の年代です。

琵琶湖西岸断層帯の一部で、高島市内を南北に走る饗庭野《あえばの》断層について、地質調査所がトレンチ調査を行いました。この結果から、もっとも新しい活動時期が、おおむね二八〇〇年前から二四〇〇年前までと考えられています。また、花折断層については、断層の南部が、二五〇〇年前から一五〇〇年前までに活動を行ったことがわかりました。

考古学の分野では、弥生時代前半の絶対年代はまだ確定していませんが、II期は二二〇〇年前から二四〇〇年前ぐらいになります。ですから、琵琶湖西岸断層帯の北部や花折断層の南部が近接した年代に活動して、これらの地震痕跡が生じたことが考えられます。

一一八五（元暦《げんりゃく》二・文治《ぶんじ》元）年に平家が滅亡し、それから三ヶ月余り後の八月一三日正午頃（七月九日午刻）に、京都付近で大きな地震がありました。

平清盛《たいらのきよもり》の娘で安徳《あんとく》天皇の生母の「建礼門院《けんれいもんいん》」は、壇ノ浦《だんのうら》の戦で生き残った後、京都に送られて吉田《よしだ》山の近くで暮らしていました。運悪く、この地震で建物が壊れたので、少し北にある大原三千院《おおはらさんぜんいん》に移り、そこで一門の菩提《ぼだい》を弔《とむら》いながら余生をすごしました。『愚管《ぐかん》抄《しょう》』などに、「清盛が龍になって引き起こした」と書かれている地震です。

内大臣中山忠親《なかやまただちか》の日記『山槐記《さんかいき》』には、法勝《ほっしょう》寺（京都市の岡崎公園付近にあった）で九重塔が落ちて阿弥陀《あみだ》堂と金《こん》堂の東西の回廊・南大門・西門などが倒れ、法成《ほうじょう》寺（京都市上京区にあった）の回廊が倒れて東塔が北に傾いたと書かれています。この他、「琵琶湖の水が北に流れて、岸が数段干上がったが、しばらくして、もとに戻った。田んぼの三町ほどの範囲に地割れが生じた」という話を聞いて記録しています。

余震が三ヶ月近くつづいたことから、大きな内陸地震と考えられていましたが、最近の地質調査によって、琵琶湖西岸断層帯の南部を構成する堅田《かたた》断層などが活動したことがわかりました（図4－3－4）。

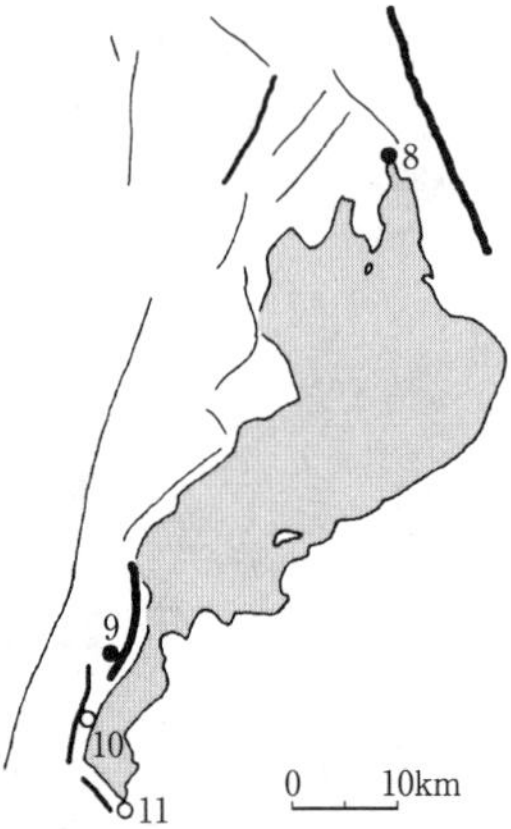

図4－3－4　中世に活動した断層と地震痕跡
8：塩津港遺跡、9：苗鹿遺跡、10：穴太遺跡、11：螢谷遺跡、（10・11は近世の可能性もある）

この地震を三〇歳の頃に体験した鴨長明《かものちょうめい》も、『方丈記《ほうじょうき》』のなかで地震の恐ろしさを記すとともに、「月日が重なり、年が経てしまうと、地震の恐ろしさなど口にする人さえなくなった」と、忘れやすい人の心を嘆いています。

一三二五年一二月五日の午後一〇時頃（正中二年一〇月二一日亥刻）にも大きな地震が発生して、琵琶湖北部に浮かぶ竹生《ちくぶ》島の一部が崩れ落ちました。そして、この地震は、柳ヶ《やなが》瀬《せ》断層など、琵琶湖北部の複数の断層の活動によることがわかりました。

琵琶湖北端で長浜市にある塩津《しおつ》港。かつて、北陸からの物資は、敦賀《つるが》を経由して、船で塩津港から大津港に運ばれ、京都に着きました。この交通の要所である塩津の湖岸付近で、一一世紀後半から一二世紀末までに存在した神社の痕跡が、滋賀県文化財保護協会の発掘調査で発見されました。

塩津港遺跡の地面には液状化現象による砂脈が確認され、一一八五年、あるいは一三二五年の地震によることがわかりました。さらに、この神社が一二世紀の終わり頃に消滅したことの有力な原因として、一一八五年の地震が考えられています。

一六六二年の六月一六日（寛文二年五月一日）、梅雨の雨が降りつづいていましたが、午前一一時すぎ、地鳴りとともに地面が激しく揺れはじめました（近江・若狭《わかさ》地震）。

琵琶湖の西側を北に向かって流れる安曇川《あどがわ》の上流にある葛川《かつらがわ》谷では、比良山地の山腹が抜け落ちました。町居《まちい》村と榎《えのき》村の集落が土砂に埋まり、人口約三〇〇人の町居村で生き残ったのは、わずか三七人でした。浅井了意《あさいりょうい》の『かなめいし』には、残らず埋まってから二、三日は土の底から男女の泣き声がかすかに聞こえたが、掘り出すこともできず人々は涙を流し、四、五日後には声も途絶えてしまった、と書かれています。

地盤が軟弱な琵琶湖周辺の低地は、大きな被害を受けました。西岸の北部にある高島藩の大溝《おおみぞ》（現・高島市）では、侍の家が、五軒を除いて、すべて倒れました。三〇〇軒近い町屋で無事だったのは一〇軒だけ、その他、約一二〇〇軒の民家が倒れました。少し南に位置する大津では、代官だった小野総左衛門の屋敷と町屋の大半が破壊し、公儀の米倉が残らず倒れました。膳所《ぜぜ》城では、天守と矢倉以外がすべて倒れています。琵琶湖東岸の佐和山《さわやま》（現・彦根市）でも、城がゆがんで石垣が崩れ、一〇〇〇軒余りの家がつぶれ、三〇人余りが命を失いました。京都でも二条城の番衆の小屋がぜんぶ崩れて、一〇〇〇軒余りの町屋が倒壊しています（図4－3－5）。

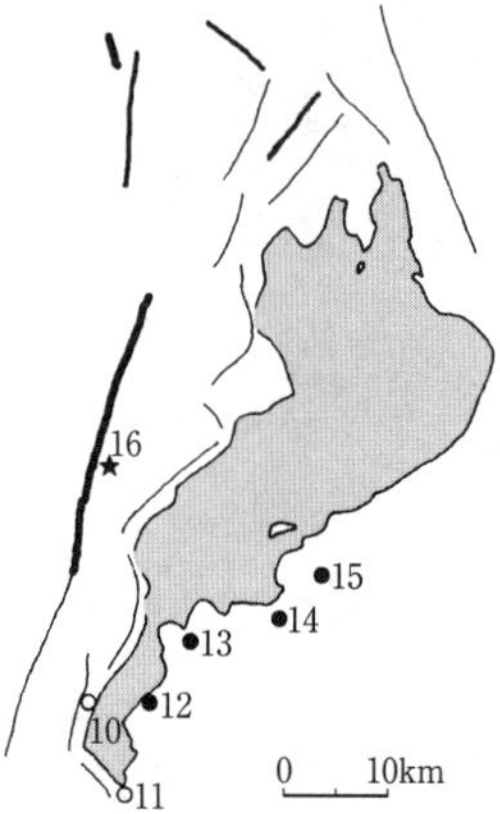

図4－3－5　近世に活動した断層と地震痕跡
12：烏丸崎遺跡、13：堤遺跡、14：加茂遺跡、15：大中の湖南遺跡、星印（16）は崩壊が生じた地点。

　トレンチ調査によって、この地震は花折断層の活動で生じたことがわかりました。しかし、この時に活動したのは断層の北～中部で、断層の南部が最後に活動したのは、前述のように弥生時代前後でした。

　琵琶湖の西側で平行する二つの大きな活断層帯。琵琶湖西岸断層帯では北部が弥生時代で、南部が平安時代末期。花折断層は中～北部が江戸時代で、南部が弥生時代頃に活動しました。花折断層はほぼ真っすぐで、琵琶湖西岸断層帯は西に向かってゆるく傾斜しています。地下深部で一緒になるほど近づくので、互いに、関連を保ちながら活動しているのでしょう。

4　戦国武将たちを襲った大地震——日本列島最大の地震活動期

活断層

日本列島のなかで、とくに活断層の多いのが中部から近畿地域です。さらに西では活断層が少なくなりますが、それでも、日本最大の地質境界である中央構造線に沿う「中央構造線断層帯《ちゅうおうこうぞうせんだんそうたい》」という巨大な活断層が、四国を横断しています。

これらの活断層が、次から次へと連動して、大きな内陸地震が日本列島の西半分を激しく揺らしたのが戦国時代の末期、つまり、羽柴（豊臣）秀吉によって天下がほぼ統一されようとした時期です。

最初の激動は、一五八六年一月一八日午後一〇時すぎ（天正《てんしょう》一三年一一月二九日亥下刻《いのげこく》）の天正地震です。中部地域にある三つの断層帯が、ほぼ同時、あるいは短い間隔で連動したと考えられています（図4－4－1）。

まず、岐阜県中津川市《なかつがわ》から下呂市《げろ》にかけて、北西―南東方向にのびる「阿寺《あでら》断層帯」、さらに、この断層帯から北西延長上の「庄川《しょうがわ》断層帯」ですが、ともに、左横ずれ活動を

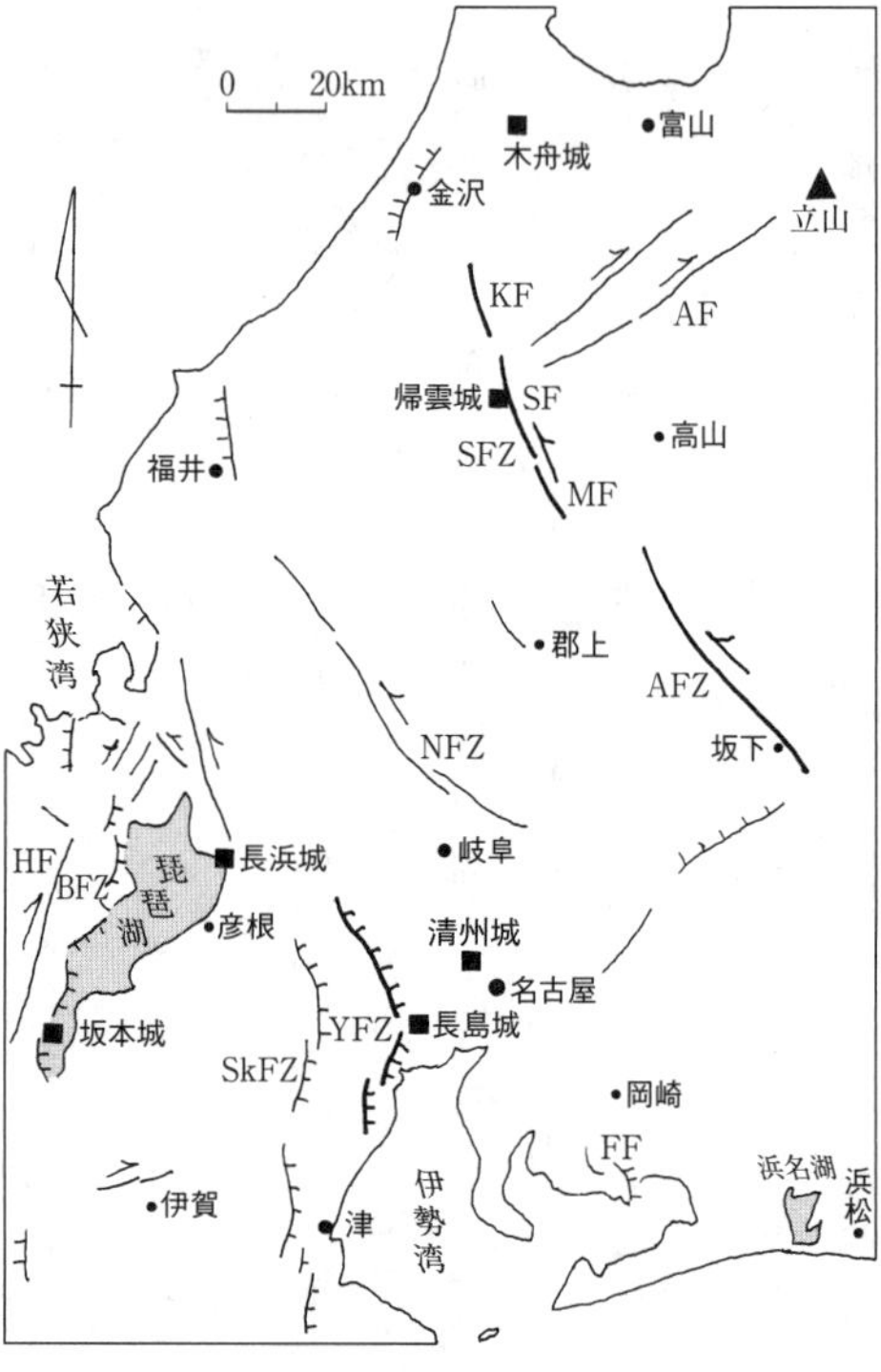

図4－4－1　天正地震の位置図（『秀吉を襲った大地震』平凡社新書に加筆）
AF 跡津川断層　SFZ 庄川断層帯（KF 加須良断層　SF 白川断層　MF 三尾河断層）　AFZ 阿寺断層帯　NFZ 濃尾断層帯
YFZ 養老―桑名―四日市断層帯　SkFZ 鈴鹿東縁断層帯
FF 深溝断層　BFZ 琵琶湖西岸断層帯　HF 花折断層

行う活断層です。さらに、約八〇キロ南西にあって、養老山地東縁から桑名・四日市市を通る「養老―桑名―四日市断層帯」です。

阿寺断層帯のトレンチ調査の結果、最新の活動時期が今から三〇〇～一八〇〇年前とわかりました。さらに、この断層帯の東にあった大威徳寺《だいいとく》に関する、「天正年中地震ノ為ニ破ラレテ一宇モ全カラス」（『飛州志《ひしゅうし》』）という記録から、天正地震で活動したと考えられています。

庄川断層帯は、北から加須良《かずら》断層・白川《しらかわ》断層・三尾河《みおご》断層という三つの活断層で構成されており、白川断層と三尾河断層のトレンチ調査の結果、最新の活動は約八四〇年前以降ということが判明しました。

養老―桑名―四日市断層帯は、西から東に向かって乗り上げる「逆断層」です。トレンチやボーリング調査の結果、最新の活動が一四世紀以降、一つ前の活動が七～九世紀、さらに、一回の活動による垂直変位量が五～六メートルとわかりました。天正地震と、聖武天皇の紫香楽宮を揺らした七四五年の地震が、これに対応します（第四章2参照）。

一方、九州の別府《べっぷ》湾付近では、南北幅十数キロの範囲に、東西方向の活断層が（別府―

万年山《はねやま》断層帯）数多く並行しています。この断層帯の東への延長が別府湾の海底にもつづいていることが、音波探査による調査で確認されており、もっとも新しい活動は一五世紀以降で一七世紀以前です。

一五九六年九月一日午後八時頃（文禄《ぶんろく》五・慶長《けいちょう》元年閏《うるう》七月九日戌刻《いぬのこく》）に、別府湾で大きな地震が発生しましたが、この時の激しい揺れで、湾岸から約二キロ南の丘陵にある柞《ゆす》原八幡宮《はらはちまんぐう》の拝殿や回廊が倒れています。そして、別府湾海底の断層活動によって発生した津波が、府中（府内）とその近辺の村々を押し流しました。

別府湾の南端付近から、四国を東西に横切る中央構造線断層帯についても、トレンチ調査の結果、中世の終わり頃に活動したことがわかっています。また、中央構造線断層帯に沿う遺跡で、一六世紀末頃の地震痕跡が検出されています。この断層帯の活動を明確にしめす文字記録は見つかっていませんが、最近では、別府地震が発生した直後に活動した可能性が高いと考えられています。

一方、京都盆地の南西部から大阪平野の北縁を通って六甲山地北麓にいたるのが有馬《ありま》—

高槻《たかつき》断層帯、六甲《ろっこう》山地の南東縁に分布する活断層が六甲断層帯です。さらに、淡路島の東海岸に沿って、楠本《くすもと》断層・東浦《ひがしうら》断層・野田尾《のだお》断層・先山《せんざん》断層がつづきます。

有馬—高槻断層帯や淡路島の活断層について、一九九五年度にトレンチ調査が行われましたが、いずれも、一五九六年九月五日（文禄五・慶長元年閏七月一三日）に京阪神・淡路地域に大きな被害を与えた「伏見《ふしみ》地震」で活動したことがわかりました。調査が行われなかった六甲断層帯についても、伏見地震で全部、あるいは一部が活動したと考えられます。ちなみに、阪神・淡路大震災を引き起こした淡路島北西岸の野島《のじま》断層は、伏見地震では活動しませんでした。

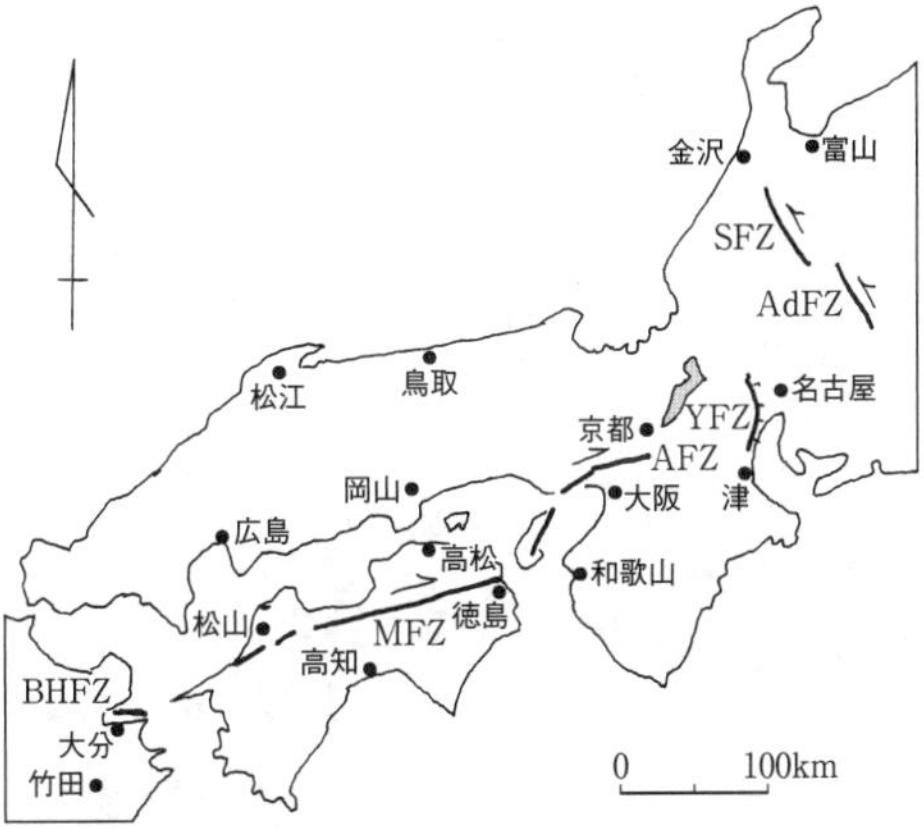

図4－4－2　連動した断層帯
1586年に活動した SFZ 庄川断層帯・AdFZ 阿寺断層帯・YFZ 養老—桑名—四日市断層帯、1596年に活動した AFZ 有馬—高槻断層帯（六甲断層帯や淡路島東岸の活断層も活動した）、BHFZ 別府—万年山断層帯、および、1596年に活動した可能性が高い MFZ 中央構造線断層帯（四国の部分のみ）。

このように、一五八六年に中部地域で天正地震が発生して、その一〇年後には、別府湾の地震を皮切りに、四国の中央構造線断層帯、さらに九月五日の伏見地震と、内陸の活断層が連動したのです。（図4-4-2）

別府地震については、『豊府紀聞《ほうふきぶん》』など一部の史料には、閏七月一二日中刻（九月四日午後四時）に発生したと書かれており、この場合、四国の中央構造線断層帯が先に活動したことになります。

戦国武将

織田信長の死後、柴田勝家《かついえ》を破って戦国乱世の主導権を握った豊臣秀吉は、一五八四年に、信長の次男信雄《のぶかつ》と徳川家康の連合軍と小牧《こまき》・長久手《ながくて》で戦うことになりました。両軍の戦力は拮抗《きっこう》していましたが、秀吉勢が信雄の領地に侵攻したため、おびえた信雄は、家康に無断で秀吉と和睦《わぼく》しました。そして、信雄の突然の心変わりが、多くの戦国武将たちの命運を決することになったのです。

まず、北陸の地では、秀吉側の前田利家《としいえ》（加賀）と、家康・信雄側の佐々成政《さっさなりまさ》（越中《えっちゅう》）

が戦闘をくり返していましたが、信雄が和睦したため成政が窮地《きゅうち》に立たされました。やがて、秀吉が大軍を率いて富山《とやま》城を包囲し、成政は降伏して領地の大半が利家の手にわたりました。この時、砺波《となみ》平野西部の低地で佐々方の戦略拠点だった木舟《きぶね》城は、佐々平左衛門《へいざえもん》に替わって、利家の末弟である秀継《ひでつぐ》が城主になっています。

城主の交代から四ヶ月後の、一五八六年一月一八日夜に発生した天正地震。木舟城が倒壊して前田秀継夫妻は圧死し、被害の著しかった城下町では、住民たちが高岡や石動《いするぎ》に移住しました。前田利家は、宿敵を破った喜びも束の間、可愛がっていた弟を亡くしたのです。

佐々成政の降伏に困惑したのは、彼の盟友の内ヶ嶋氏理《うちがしまうじまさ》です。孤立無援の氏理は、侵攻してきた秀吉側の金森長近《かなもりながちか》に降伏しました。しかし、運よく命を助けられて、領地も没収を免れました。三ヶ月ぶりに領主が帰ってきた城下は、喜びに包まれ、領民も含めて祝賀会を開くことになりました。

飛騨《ひだ》の白川郷《しらかわごう》を支配していた氏理は、庄川《しょうがわ》の岸辺に築かれた帰雲《かえりくも》城の城主でした。実は、城から約二〇〇メートル東の位置に白川断層があり、天正地震では、断層沿いに地面が左横ずれ方向に食い違ったはずです。そして、断層をはさんで東側にあった帰雲山の斜面が、一気に崩れ落ちました。この瞬間、内ヶ嶋氏理の帰雲城と城下の三〇〇軒の家並みは、多くの人たちの思いを包んだまま、地上から永遠に姿を消したのです。

佐々成政を征伐した秀吉は、若狭の高浜にいた山内一豊《やまうちかずとよ》を、琵琶湖沿岸の長浜城の城主にしました。天正地震に襲われたのは、その三ヶ月後でした。運命の日、一豊は京都に出かけて、長浜城には、妻の千代（見性院《けんしょういん》）と愛娘で六歳の与禰《よね》姫がいました。千代は、地震で崩れ落ちた建物から、辛うじて逃れ出ることができました。しかし、別の屋敷にいた与禰は、建物の梁《はり》の下で、乳母とともに息絶えていました。一豊夫妻は、生涯で一人だけ授かった愛娘の死を嘆き悲しみましたが、後になって、弟康豊《やすとよ》の子の忠義《ただよし》を養子に迎え、山内家は江戸時代末期まで存続しました。

突然の和睦によって武将たちの運命を変えた織田信雄。その後は、尾張一国だけを支配する長島城の城主でした。濃尾平野の木曾《きそ》川・長良《ながら》川・揖斐《いび》川が合流する輪中《わじゅう》地域に造られた城なので、天正地震の激しい揺れに耐えることができずに、壊滅状態となりました。この難を逃れた信雄は、被害の軽微だった清洲《きよす》城を整備して、この城の主となりました。この後も度重なる危機のなかを生きのびた彼は、七三歳で天寿を全うしています。

この地震の時、秀吉は、琵琶湖沿岸で明智光秀《あけちみつひで》の居城だった坂本城にいました。震度5強くらいの揺れでしたが、地震におびえた天下人は、一目散に大坂城に逃げ帰っています。

その後、一五九一年に朝鮮出兵の命を下した秀吉は、肥前国（佐賀県）の東松浦《ひがしまつうら》半島（現・唐津《からつ》市）に、拠点となる名護屋《なごや》城を築きました。一方では、京都盆地東縁の伏見指月《ふしみしづき》（京都市伏見区桃山町泰長老《たいちょうろう》）で、隠居屋敷（伏見城）の建築に取りかかっていますが、一五九三年に秀頼《ひでより》が生まれたことによって方針が変わり、伏見城を壮大な城郭にすることになりました。

朝鮮にわたった小西行長《ゆきなが》は、快進撃をつづけて平壌《へいじょう》まで攻め上りました。しかし、明の李如松《りじょしょう》将軍が反撃して、平壌城を包囲したため、命からがら龍泉《りゅうせん》山城まで退却しています。この時、行長を助けることを怠《おこた》ったのが大友義統《よしむね》です。激怒した秀吉は、彼の領地だった豊後府内《ぶんごふない》（現・大分県）を没収して、「岡《おか》」などの六国に分割しました。

朝鮮でのふるまいが秀吉の逆鱗《げきりん》に触れた、もう一人の武将が中川秀政《ひでまさ》です。彼は、朝鮮にわたった直後に、油断した隙《すき》を突かれて暗殺されました。残された弟の中川秀成は播磨の領地を召し上げられて、かつては大友義統領地の一つであった豊後の岡に移されました。阿蘇《あそ》山東麓に位置する内陸の地ですが、秀成が改修した岡の竹田城を舞台にして、一九〇一年に、滝廉太郎《れんたろう》作曲「荒城の月」が生まれています。

秀政は、別府湾に面した今鶴《いまつる》村（豊後国大分郡今津留）の代官も兼任したので、彼の家臣で堺商人出身の柴山両賀《りようが》が、今津留の沖ノ浜《おきのはま》を拠点にして海外との交易を行いました。そして、両賀が商用で高麗にわたった直後に、別府地震が発生し、沖ノ浜に残った娘婿の柴山勘兵衛夫妻が津波に遭遇したことが『柴山勘兵衛記』などに詳しく記されています。夫妻は、天井を切り裂いて屋根の上に避難した後、長さ一二メートルほどの舟板が流れてきたので、これに乗り移ってしばらく漂流した後、小舟に救出されたのです。

この頃、朝鮮出兵（文禄《ぶんろく》の役《えき》）の和睦交渉が進められており、秀吉は、明《みん》からの使節を迎えるため、伏見城を豪華《ごうか》絢爛《けんらん》に改装・修築しました。しかし、直前の一五九六年九月五日（文禄五・慶長元年閏七月一三日）の午前零時頃（子刻）、伏見の地が激しく揺れ動いたのです（図4－4－3）。

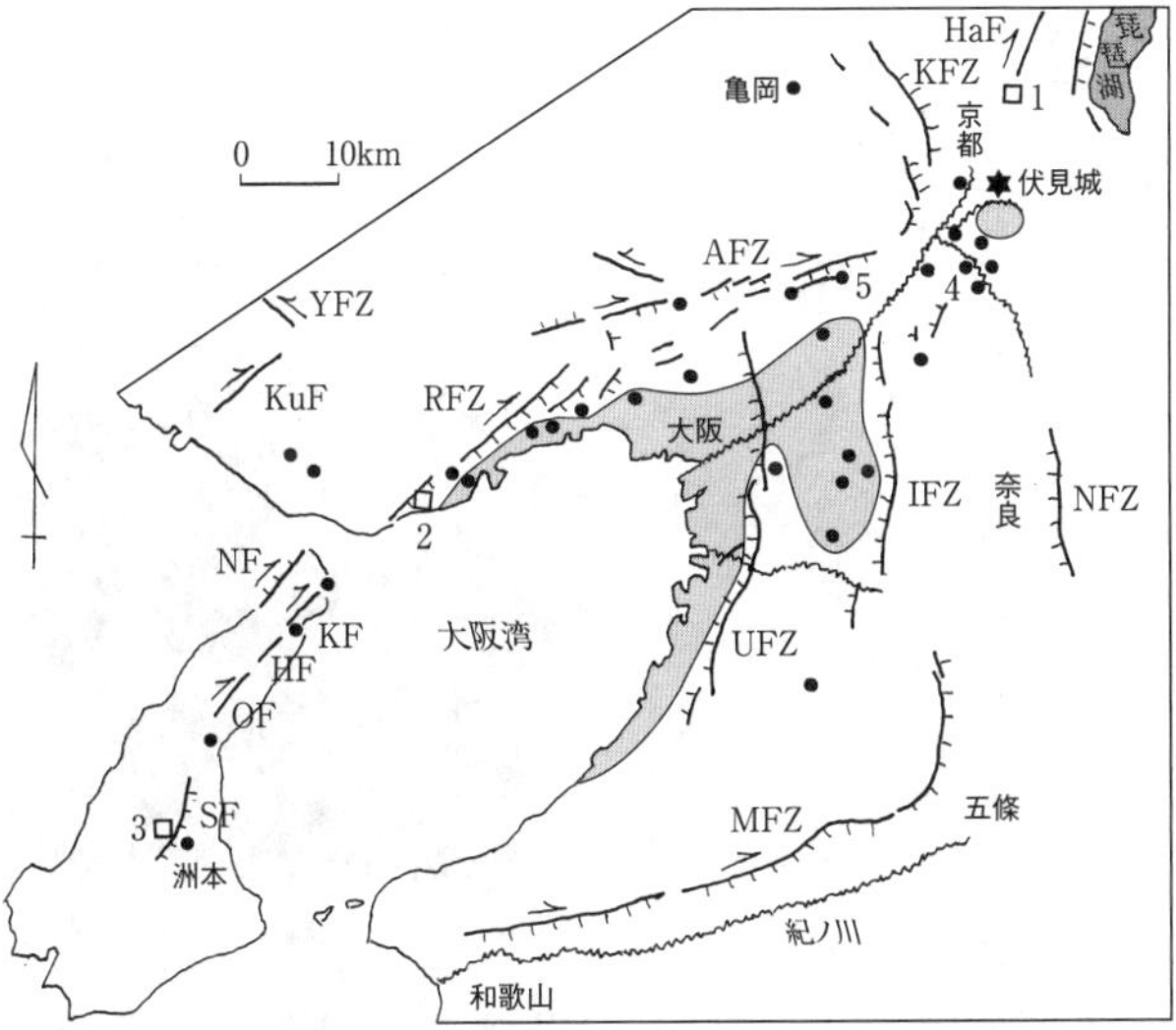

図4-4-3　伏見地震の位置図（『秀吉を襲った大地震』平凡社新書に加筆）
薄いアミで示したのは、かつての海域（河内潟）と、巨椋湖の範囲。丸印は伏見地震の痕跡が見つかった遺跡を示す。
1：方広寺、2：須磨寺、3：千光寺、4：内里八丁遺跡、5：今城塚古墳
AFZ 有馬—高槻断層帯、RFZ 六甲断層帯、NF 野島断層、KF 楠本断層、HF 東浦断層、OF 野田尾断層、SF 先山断層、UFZ 上町断層帯、IFZ 生駒断層帯、MFL 中央構造線断層帯、NFZ 奈良盆地東縁断層帯、HaF 花折断層、KFZ 京都西山断層帯、YFZ 山崎断層帯、KuF 草谷断層

壮麗な天守閣は上部が崩れ落ちました。入母屋《いりもや》式居館《きょかん》の上に三重櫓《やぐら》をのせた初期（桃山式）の望楼《ぼうろう》型天守でしたが、居館と櫓の柱が別々で、建物全体が連結していなかったので、強い揺れに耐えられなかったようです。

秀吉のもとに最初に駆けつけたのは細川忠興《ただおき》、次は加藤清《きよ》正《まさ》でした。謹慎中だ

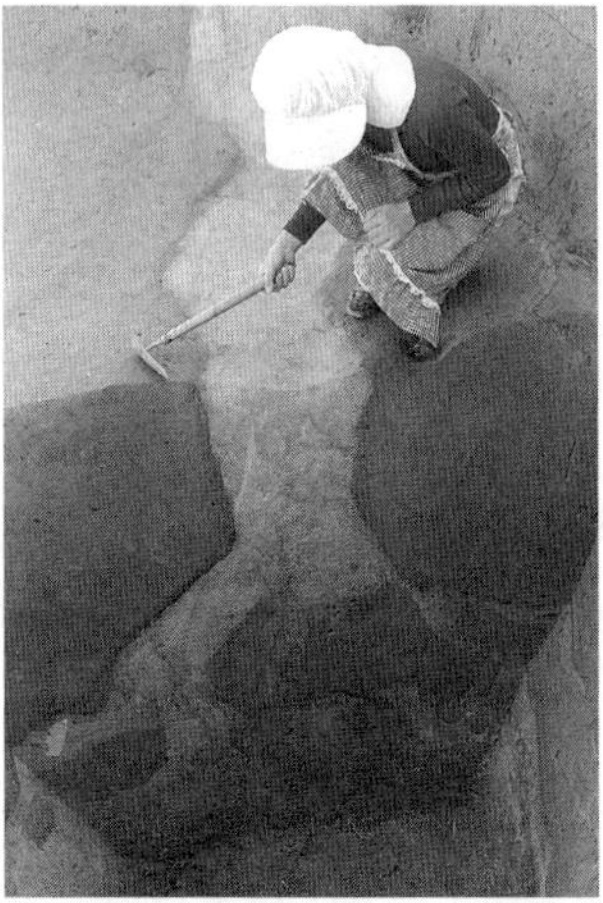

写真4－3　伏見地震による液状化跡
京都府八幡市教育委員会による内里八丁遺跡の調査で明瞭な液状化跡が見つかる。

った清正が、足軽に梃子《てこ》を持たせて城に駆けつけた時、太閤は庭に避難していました。清正の登城を知った秀吉と北政所（ねね）は感激し、やがて、謹慎処分が解かれました。

この話は、一八六九（明治二）年に、歌舞伎狂言作者の河竹黙阿弥《かわたけもくあみ》が作品化して『桃山譚《ももやまものがたり》』が生まれ、一八七三年から三幕五場が加わって『増補桃山譚』となり、これが、通称「地震加藤」として広く知られました。

伏見地震によって、京都盆地は甚大な被害を受けました。東《とう》寺・天龍《てんりゅう》寺・二尊院《にそんいん》・大《だい》覚《かく》寺などの建物が倒壊し、愛宕《あたご》山の僧坊も大きな被害を受けました。方広《ほうこう》寺の建物は無事でしたが、秀吉自慢の大仏は、胸や左手が崩れ落ちて惨めな姿をさらしました。実は、金銅製と偽《いつわ》って、木像の上に漆喰《しっくい》を塗って金箔《きんぱく》をかぶせた大仏だったので、地震に対して脆《ぜい》弱《じゃく》な存在だったのです。

地盤のよい上町《うえまち》台地の大坂城は被害が軽微でしたが、地盤の軟弱な低地にあった大坂や堺の町屋は大半が倒壊しました。とりわけ、兵庫（現・神戸市）では、家々が倒壊した後に火事が発生して燃えてしまったのです。神戸の須磨《すま》寺も大きな被害を受け、淡路島でも先山の山頂にあった千光寺《せんこうじ》が倒壊しました。

この地震によって、京都から大阪平野の北部を経て淡路島にいたる広い範囲が甚大な被害を受けました。伏見城は、すぐに、北東に隣接する木幡《こばた》山の山頂に再建されましたが、耐震性を高めるため、天守の上層と下層の柱を一本に統一しています。秀吉の命令で、大仏は壊され、代わりに、善光寺《ぜんこうじ》の阿弥陀如来像を運んできて、大仏殿に置きました。

伏見地震から三ヶ月後、天変地異を理由として「文禄」から「慶長」に改元されています。

5　街道を止めた地震――巨大な水瓶を生んだ土砂

越後街道と山崎新湖

江戸幕府の落日とともに多くの命が奪われたのが「戊辰《ぼしん》戦争」です。会津藩では、飯盛《いいもり》山に落ちのびた白虎隊《びゃっこたい》の少年たちが、鶴ヶ城《つるがじょう》（会津若松城）を望みながら自らの命を絶ちました。この悲話の舞台として知られる名城には、江戸幕府が誕生した直後の地震で被害を受けた歴史もあります。

一六一一（慶長一六）年九月二七日の午前八時頃に襲った激しい揺れで、鶴ヶ城の石垣と塀、櫓が崩れて、望楼型七重の天守閣が傾きました。これが、会津盆地西縁《あいづぼんちせいえん》断層帯の活動による「会津地震」で三千数百人が犠牲になりました。

会津盆地西縁にある喜多方《きたかた》市の新宮熊野《しんぐうくまの》神社は、後三年《ごさんねん》の役《えき》で訪れた源義家《みなもとのよしいえ》の命で建立されました。神社のシンボルは、巨大な円柱と茅葺《かやぶ》き屋根で建てられた一八〇畳の拝《はい》殿《でん》（長床《ながとこ》）ですが、活動した断層の近くだったので、他の建物とともに倒壊しました。唯一、無事だったのは、断層の西側の丘に建てられた本殿でした（図4-5-1）。

地震の後、旧材を使って一回り小さな長床が建てられました。一九六三（昭和三八）年に国の重要文化財に指定され、一九七四年になって本来の規模で再建されたので、現在の長床は会津地震で倒れる前の偉容《いよう》を誇っています。

この神社から数キロ南にある会津坂下《あいづばんげ》町塔《とう》寺では、巨大な一木彫仏像として知られる立《たち》木《き》千手観世音菩薩立像を納めた立木観音堂と、少し西の丘にあった心清水《こころしみず》八幡《はちまん》神社（塔寺八幡宮）が倒壊しました。

盆地南西端の会津美里《あいづみさと》町雀林《すずめばやし》では、三重塔や金剛力士立像で知られる法用《ほうよう》寺が、一瞬にして崩れ落ちています。

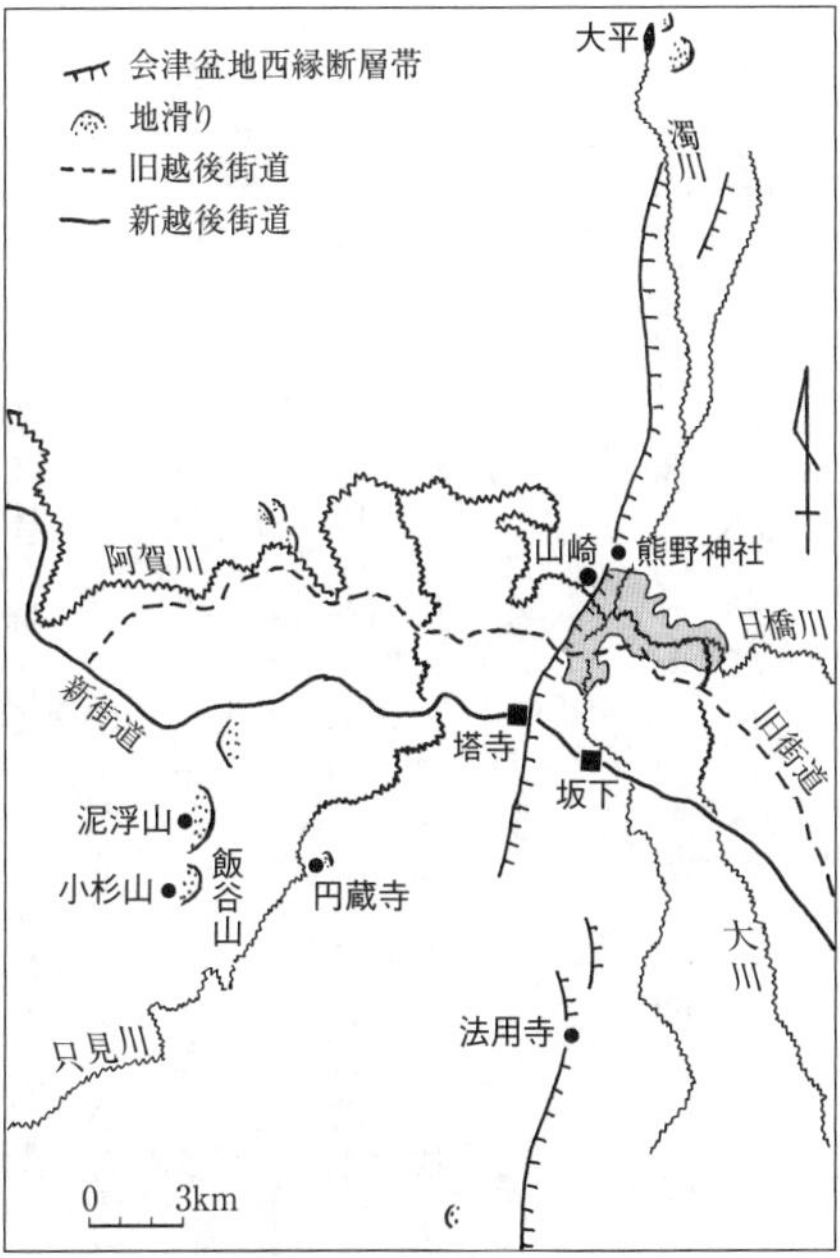

図4－5－1　会津地震の位置図
アミで示したのは山崎新湖の範囲

会津盆地西縁断層帯の活動によって、断層の西側（越後《えちご》山脈北東部）で崩壊や地滑りが生じました。

まず、盆地の北西端にある大平《おおだいら》山の地滑りによって、濁《にごり》川の上流がせき止められて沼ができました。現在でも、長さ七五〇メートルの滑落崖《かつらくがい》が残っており、土砂が崩れ落ちた場所から上流に向かって、長さ一キロの大平沼があります。その少し北にも、小さな滑落崖があります。

盆地の西方では、海抜七八二・九メートルの飯谷山《いいたに》が崩れ落ちて、大杉山《おおすぎやま》の集落が埋まり、一〇〇名前後が圧死しました。この時に、難を逃れた五人の男女が、一・四キロほど南に住みついて、その場所を小杉山《こすぎやま》と名付けました。

飯谷山の西側斜面には、長さ一キロにおよぶ円弧状の滑落崖が残っていますが、地震で避難した人々が、一〇三年後に元の場所に帰ったので、現在の小杉山の集落は、滑落崖のすぐ西にあります。

飯谷山の北にも、長さ約二キロの滑落崖が南北につづいていますが、山体が崩れ落ちた地域には、程窪《ほどくぼ》・泥浮山《どろぶやま》などの集落があります。

会津盆地には、濁川・大川・日橋川《にっぱし》・鶴沼川《つるぬま》などの河川が流れていますが、皆、盆地の西縁にある喜多方市慶徳町《けいとく》山崎《やまざき》付近で、合流して阿賀川《あが》になります。阿賀川は、只見川《ただみ》を合わせて西に流れ、新潟県で阿賀野川《あがの》と名前を変えて日本海に流れこんでいます。

河川が集まる地点から、約一キロ北にある新宮熊野神社の記録『新宮雑葉記《しんぐうざつようき》』には、

「山崎前大川地形動上て流水湛、四方七里に横流す新湖となり」と、山崎の集落の前を流れる大川で地面が動き上がったため、川の水がせき止められて湖が生まれたと書かれています。

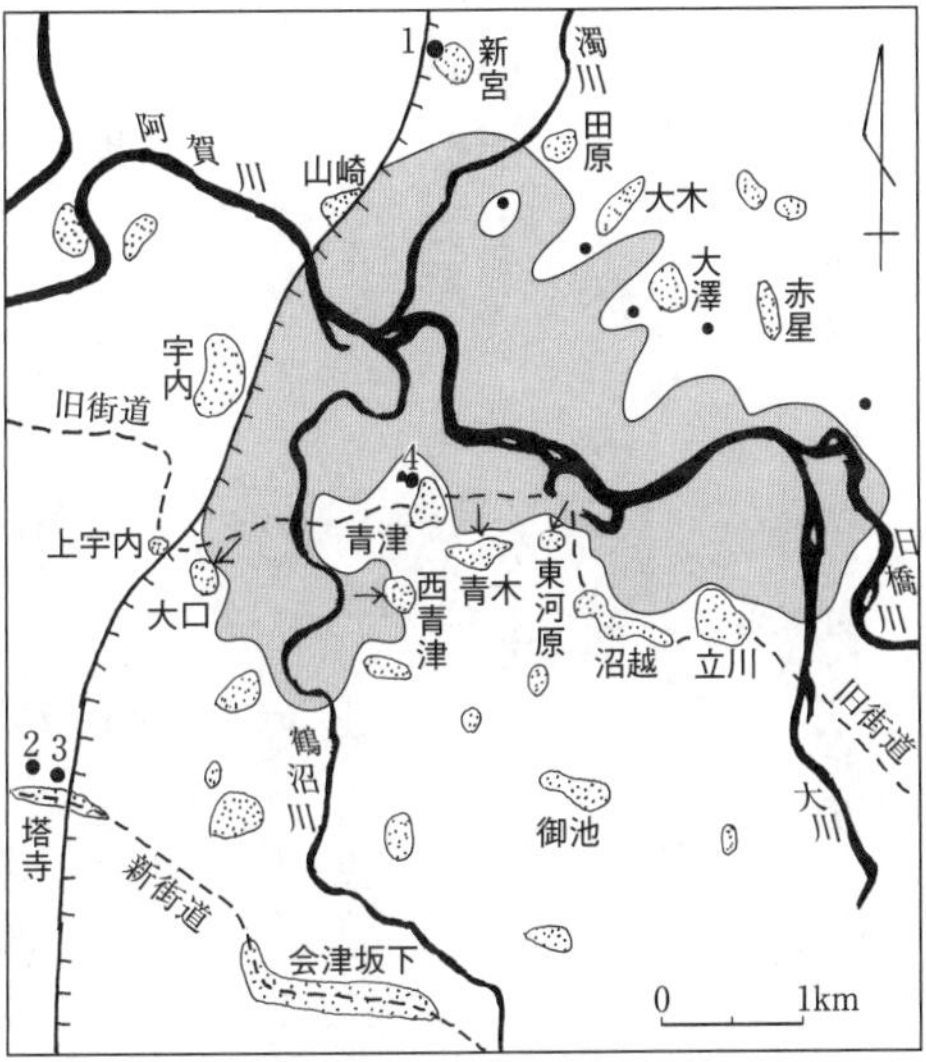

図4－5－2　山崎新湖と越後街道の水没
太い実線は活断層、破線は新旧の街道、矢印は集落の移転の方向、アミで示したのは山崎新湖の推定範囲。１：新宮熊野神社、２：心清水八幡神社、３：立木観音堂、４：亀ヶ岡古墳（前方後円墳）、その他の黒丸印は孤立した神社。

会津藩が編集した歴史書で、一八一五年に完成した『家世実紀《かせいじつき》』（全二七七巻）にも、山崎で日橋川の川底が上がって、耶麻《やま》郡の七つの村、河沼《かわぬま》郡の一六の村で、田畑が水没して湖になったと記録されています。

会津盆地西縁断層帯は、大川を南北に横切っていて、断層活動で生じた崖の上側（西側）に山崎の集落があります。ですから、史料の記述にもとづくと、断層活動によって下流側が上昇して、川をせき止めたことになります（図4-5-2）。

徐々に水位が高くなって、住めなくなった集落の人々は、湖の外に移転しました。これが、『新宮雑葉記』や、一八〇九年に完成した地誌『新編会津風土記《しんぺんあいづふどき》』（全一二〇巻）に具体的に書かれています。

青木《あおき》の場合、「一町ばかり北にあって、慶長の地震で山崎新湖ができたとき、今の地へ移した」「青木の聖徳寺の観音堂が湖水のなかにいたった」という記述の他、「青木の集落が屋根先まで水に浸かったので、家で寝起きできなくなって移住した」という伝承も残っています。

現在の会津坂下町では、海抜一七五～一七七メートルに青木の集落がありますが、地震より前に住んでいた、北に一町（一〇〇メートル）の位置は海抜一七二～一七三メートルです。この間に比高二～三メートルの崖があり、中程の平坦な所（海抜一七四・五メートル）に聖徳寺が建っています。青木の集落だけが、寺より高い位置に移転したのでしょう。

さらに、東河原《ひがしかわら》村は「丑《うし》の方（北北東）に二町ばかりの位置にあったが、山崎新湖ができて、今の位置に移った」、西青津《にしあおづ》村は「西二町ばかりにあって、慶長の地震の後、今の地へ移した」と書かれています。このように、現在の集落を基準にして、地震前の位置を推定できます。地震前の集落が湖に没して、湖外に移転したと考えて、地形図から高度を読み取ると、海抜一七四～一七五メートルまで湖水に浸かったことになります。

この高さで湖の範囲を描くと、長さ約四キロ、幅二～二・五キロになり、『家世実紀』に書かれた「縦三十五町余（三・八キロ）、横二十余町（二・二キロ）」という湖の規模とほぼ一致します。そして、会津と越後をつなぐ越後（会津）街道は、東河原から上宇内《かみうない》にいたる約三キロの区間で、中心的な集落の青木をはじめ、広い範囲が水没することになります。

その後の越後街道ですが、湖に没した地域を含む長さ約三〇キロの区間が、四キロほど南に移設されました。高久《たかく》から坂下・塔寺《とうでら》を通って、鐘撞《かねつき》峠や束松《たばねまつ》峠を越えて野沢にいたる新しい越後街道には宿場が誕生しました。そして、用水路を備えた大きな道路の両側に町割（区画）が実施された坂下宿は、軽井沢銀山から移住した人たちも加わって、中心的な集落に発展しています。

突然現れた山崎新湖については、山崎付近を掘り下げる普請によって湖水の半分が取り除かれました。しかし、湖が完全に消滅したのは地震から三〇年余り後のことでした。

下野街道と五十里湖

会津若松から西に向かうのが越後街道で、南へ進むのが下野《しもつけ》街道（会津西街道）です。大内《おおうち》・田島《たじま》・山王《さんのう》峠・五十里《いかり》などの宿場を経て今市《いまいち》にいたる下野街道は、会津と江戸を結ぶ最大の輸送路でした。


一六五九年四月二一日（万治《まんじ》二年二月三〇日）に、下野街道の北部を地震が襲いました。街道の東にあった塩原《しおばら》の元湯《もとゆ》温泉では、御所の湯・橋本の湯・姥《うば》の湯・河原の湯・中の湯が壊滅して、梶原の湯だけが残りました。

田島宿の被害も甚大でした。一九七軒の家屋と三九軒の土蔵が倒壊して、死者八人・怪我人七九人という惨状でしたが、地震後の修復で道の中央に水路が設置され、両側に旅籠《はたご》が並ぶ整然とした宿場に生まれ変わりました（図4－5－3）。

また、難所として知られる山王峠（福島・栃木県の境界）は、一部が谷底に崩れ落ちました。この緊急事態に、田島宿の約一〇キロ北で下野街道と分かれて、三斗小屋《さんとごや》を経て、高林から矢板にいたる新しい街道（松川新道）を作る案も出ましたが、結局、多くの人足を動員して山王峠の補修を行い、二ヶ月後には通行できるようになりました。

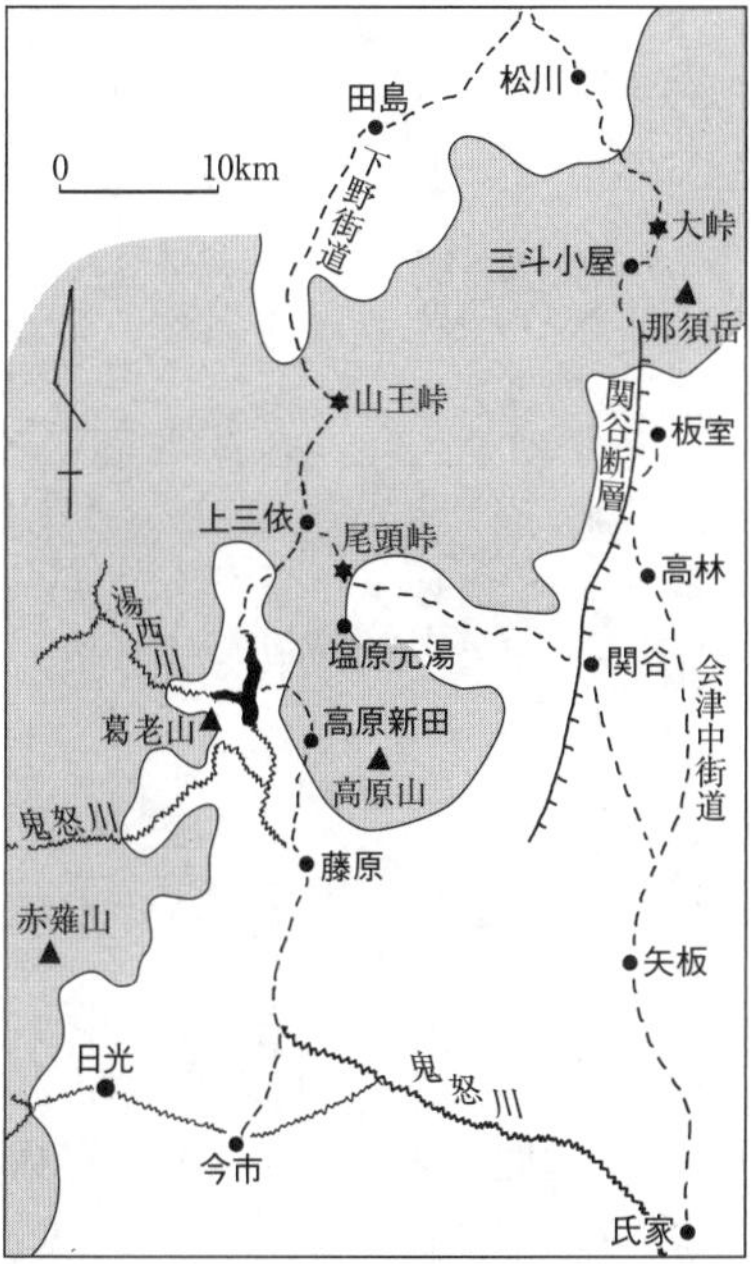

図4－5－3　日光地震の位置図
薄いアミは海抜1000m以上の範囲、黒く塗ったのはせき止め湖、太い実線は活断層、破線は街道を示す。

二〇年余り後の一六八三（天和《てんな》三）年には、下野街道の南部が騒がしくなりました。四月頃から地震がはじまり、六月一七・一八日（新暦）の両日には強い揺れがつづいて、徳川家康の霊を祀った日光東照宮、家光を祀った輪《りん》王《のう》寺大猷院《だいゆういん》・霊廟・奥院で、石宝塔《せきほうとう》の九輪《くりん》や笠石《かさいし》が揺れ落ち、石灯籠・石垣・矢来《やらい》の大半が崩れました。この時、東照宮の北方にある赤薙《あかなぎ》山が崩れています。

きわめつけは、一〇月二〇日午前五時頃（九月一日寅〜卯刻）の日光地震です。日光東照宮などが被害を受けると同時に、二〇キロほど北北東にある戸板《といた》山の東側斜面が大音響とともに崩れ落ちました。

葛老《かつろう》山（標高一一二三・七メートル）から南東につづく平らな尾根が戸板山と呼ばれています。ここから北東に崩れ落ちた大量の岩屑《がんせつ》は、男鹿《おじか》川と湯西《ゆにし》川の合流地点をせき止めました。これによって、逃げ場を失った水が増えつづけ、両河川に沿ってV字形にのびる長さ数キロの湖になり、下野街道の五十里宿が水没したのです。

男鹿川に沿って立ち並ぶ五十里宿には三一軒の家があり、一六五人が暮らしていました。これが二つに別れて、二一軒は湖面より高い所に移転して上《うえ》の屋敷《やしき》となり、残りの一〇軒は湖の北端にある石木戸《いしきど》（現在では、独鈷沢《とっこざわ》の鬼怒木《きぬもく》付近）へ引っ越しました。また、湯西川では西川《にしかわ》村の三一軒が水没して、南岸の山麓沿いに移転しています（図4-5-4）。

五十里宿の人たちにとって、まさに「青天《せいてん》の霹靂《へきれき》」の事態です。応急対策として、石木戸に移った人たちが船頭となって、上の屋敷との間を船で輸送しました。そして、陸揚げした荷物を、上の屋敷から東側の山道を登って、下野街道沿いに高原新田《たかはらしんでん》宿・藤原《ふじはら》宿を経由して、江戸に向かって運んでいます。

一方では、湖（五十里湖）誕生にともなって、かつて頓挫《とんざ》した松川《まつかわ》新道（会津中街道）の案が現実のものとなりました。弥五《やご》島《しま》から松川を経て、那須《なす》岳の西北にある大《おお》峠（海抜一四六八メートル）を越えて三斗小屋を通る急な山道でしたが、板室《いたむろ》からは山麓沿いの平坦な道で、矢板を経由して氏家《うじいえ》宿に向かいました。街道の要所となった三斗小屋宿には、田島宿の周辺に住んでいた多くの農民が移住しています。

この他、脇街道として、五十里宿から約一〇キロ北にある上三衣《かみみより》から

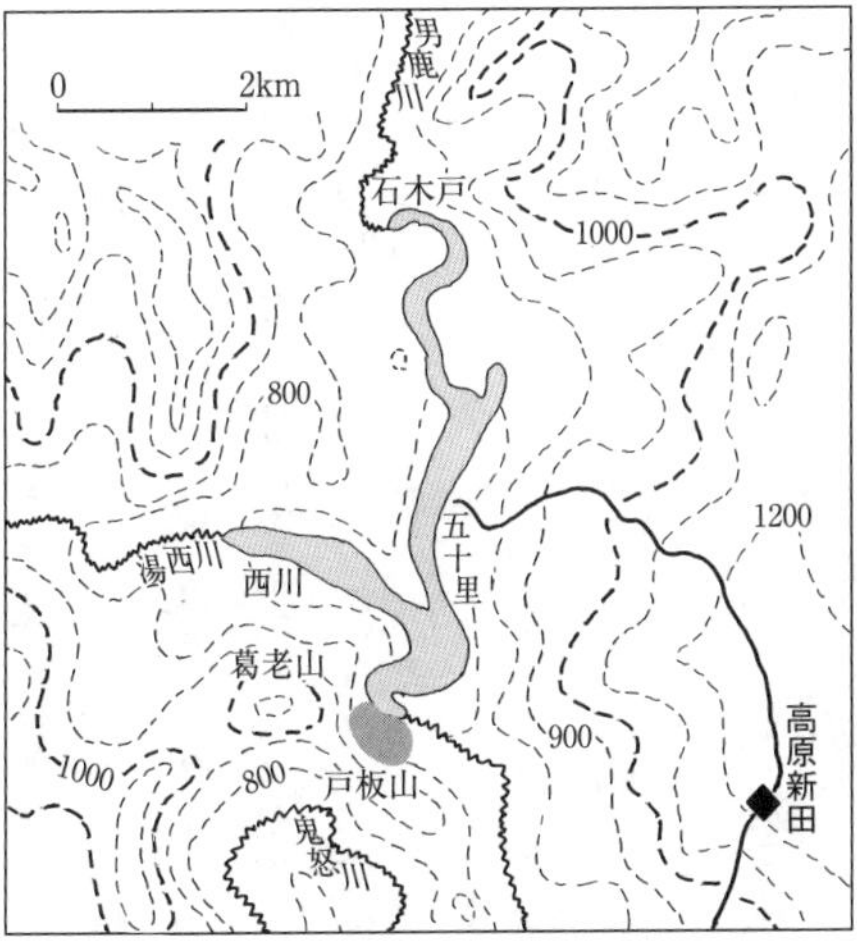

図4-5-4　水没した五十里集落周辺の地形
濃いアミは推定される崩壊地域、薄いアミはせき止め湖の範囲、実線は地震直後に荷物を運搬した道。

東に向かい、尾頭峠《おかしら》を越えて塩原温泉へ出て関谷《せきや》にいたる「塩原街道」が利用されました。一三世紀頃からあった道ですが、改修されて公道となりました。

尾頭峠から、山の尾根を通って高原新田宿にいたる道も使われました。これは、上の屋敷のすぐ東を通り抜けて南に向かったので、水上輸送をしながら耐えていた五十里宿の住民と、荷物を奪いあうことになりました。

突然現れた湖を取り除くため、せき止め地点を掘り抜く作業がはじまりました。これには、南山村《みなみやま》からは約四〇〇〇人の人足が動員されましたが、固い岩盤にさえぎられて中止となりました。地震から二四年後の一七〇七（宝永四）年には、江戸の請負業者である大口屋平兵衛・升屋某・津賀屋善六の三人が四三七五両で水抜き工事を請け負いましたが、一七二三年に断念しました。

このような不手際の責任をとって、会津藩士の高木六左衛門らが切腹したと伝えられており、彼を弔う小さな祠が、葛老山の対岸にある小高い丘（布坂山《ぬのさか》）の頂に残っています。

皮肉にも、工事が頓挫した年の夏、関東地方を暴風雨が襲いました。四日間も大雨がつづいて水位が上がった九月九日（旧暦八月一〇日）、湖の出口が一気に崩れ落ちたのです。四〇年間にわたる人々の恨みをこめた湖水は、怒濤の如くに流れ下って、鬼怒川周辺の村々を押し流しました。湖の直下だった川治《かわじ》村・藤原村では、家や田畑が濁流に呑まれ、氏家宿・祖母井《うばがい》宿（芳賀《はが》郡芳賀町）や石井《いしい》村（宇都宮市）から宇都宮にいたるまで、鬼怒川下流地域は甚大な被害を受けました。この「五十里大洪水」によって千数百人の命が奪われています。

このようにして湖が消滅したことによって、会津西街道が復活して五十里宿もよみがえりました。しかし、脇街道の登場によって輸送経路が多様化したので、その後も、街道間で荷物をめぐって争いがつづくことになりました。

栃木・福島県境の那須岳から矢板市北西にかけて、南北三〇数キロにわたって関谷《せきや》断層がのびています。これが、日光地震で被害を受けた地域のなかで、M7クラスの地震を引き起こす能力のある唯一の活断層です。産総研による関谷断層のトレンチ調査が行われて、中世以降に活動したことがわかりました。この時に日光地震が発生した可能性が高いと思います（写真4－4）。

ことになりました。

写真4－4　関谷断層のトレンチ調査
左側の地層が右側の地層に乗り上げている（逆断層）。産業技術総合研究所が調査

日光地震より前には、街道が関谷断層を横切っていました。断層崖付近に街道に沿う集落があり、現在では、この場所を「古屋敷」と呼んでいます。日光地震の後に街道の位置を変更して、断層崖から三〇〇メートル離れた場所に、塩原街道の関谷宿を形成しましたが、この新しい宿に古屋敷の人々が移り住んだと考えられます。断層活動で地面が食い違った位置から離れるように街道と集落を移転させたのでしょう。

そして三〇〇年近い歳月が流れた一九五六年、日本最大の人造湖「五十里湖」が誕生しました。日光地震で生まれた湖に比べて、二キロほど下流でせき止められていますが、かつての五十里宿周辺は、再度、湖底に没する

6 殿様たちを襲った悲劇——地震につぶされた大名たち

会津地震と蒲生秀行

一六一一年に会津地震が起きましたが、この時の殿様は蒲生秀行《がもうひでゆき》でした。彼は、「銀の鯰尾《なまずお》」の兜《かぶと》を輝かしながら数々の戦功を上げた蒲生氏郷《うじさと》の息子です。秀吉の小田原征伐の後、氏郷は松坂《まつさか》（三重県）から伊達政宗《だてまさむね》の領地だった会津へ移されましたが、七層の天守閣を持つ鶴ヶ城を築き、城下を新たな町割にして若松と名付けました。その後、文禄の役で名護屋に滞在した時に体調を崩して四〇歳で他界しました。

蒲生氏郷の妻は信長の三女冬姫で、彼の死後、当時一三歳の嫡男《ちゃくなん》鶴千代（秀行）が後継しました。この翌年、会津九二万石は上杉景勝《かげかつ》の領地となり、秀行は宇都宮一八万石に移されました。不可解な左遷ですが、秀吉が容姿端麗な冬姫に横恋慕《よこれんぼ》して拒絶されたのが原因ともいわれています（図4-6-1）。

図4-6-1
蒲生家の家系図

関ヶ原の戦で西軍が敗れ、家康と対立していた景勝は米沢に移されました。会津六〇万石に返り咲いた秀行は、二三歳の岡半兵衛重政を抜擢《ばってき》して仕置《しおき》奉行筆頭としましたが、自分は政務に無関心で、酒浸《さけび》たりの日々をすごしています。

このような秀行に対して、「飛驒守（秀行）が仏や神をおろそかにして、気ままな毎日を送ったため天罰が下った」（『当代記』）と、会津が地震に襲われたのは愚かな領主のせいだと書かれています。

イスパニアの探検家セバスチャン・ビスカイノが、地震の直後に会津を訪れた時、秀行が地震について尋ねると「天の神が、空気を通じて大地を揺らせ、国王（秀行）はじめ地上の住民に、自らの存在を思い出させ、それぞれの悪行を悔い改めさせた」と答えました。

幼い頃から病気がちだった彼は、この後、「常に大酒、諸事行儀無く放埒《ほうらつ》」（『当代記』）という自暴自棄《じぼうじき》の状態に陥り、会津地震の翌年、三〇歳の若さで死去しました。

秀行の妻は、家康の三女で二歳年上の振《ふり》姫でした。勝ち気で信心深かった彼女は、藩の財政を考慮しないで、地震後の社寺の再建に着手しました。このため、着実に震災復興を進めて、越後街道の移転などを行った岡重政と激しく対立しました。とりわけ、石塚観音堂を壮麗に再建する件で激怒した振姫は、彼の罪状を書いた手紙を家康に送り、駿府《すんぷ》へ呼ばれた重政は即座に斬殺《ざんさつ》されました。

重政の死から二年後、振姫は和歌山城主の浅野長晟《ながあきら》と再婚しましたが、しばらくして病死しました。彼女と秀行の間には、二男一女がありましたが、忠郷《ただざと》・忠知《ただちか》兄弟が若くしてこの世を去り蒲生家は廃絶となりました。信長・家康・氏郷という輝かしい血を受け継いだ子孫たちですが、その末路《まつろ》はあわれでした。

高田地震と松平光長

越後の高田藩でも、地震が「お家騒動」の発端となりました。菊池寛《かん》の小説『忠直卿《ただなおきょう》行状記《ぎょうじょうき》』のモデルとなった松平忠直の時代です。

徳川家康の次男秀康《ひでやす》は、越前六八万石の領地を得た後に病死しました。一三歳の忠直が後継して、二代将軍秀忠《ひでただ》（家康の三男）の三女勝姫《かつ》を妻にしました。ちなみに、勝姫の母は、浅井長政《あざいながまさ》とお市《いち》の間に生まれた三姉妹の「江《ごう》」です（図4－6－2）。

成人後の松平忠直は、奇行が目立つようになり、参勤交代の途中で急に引き返し、理由

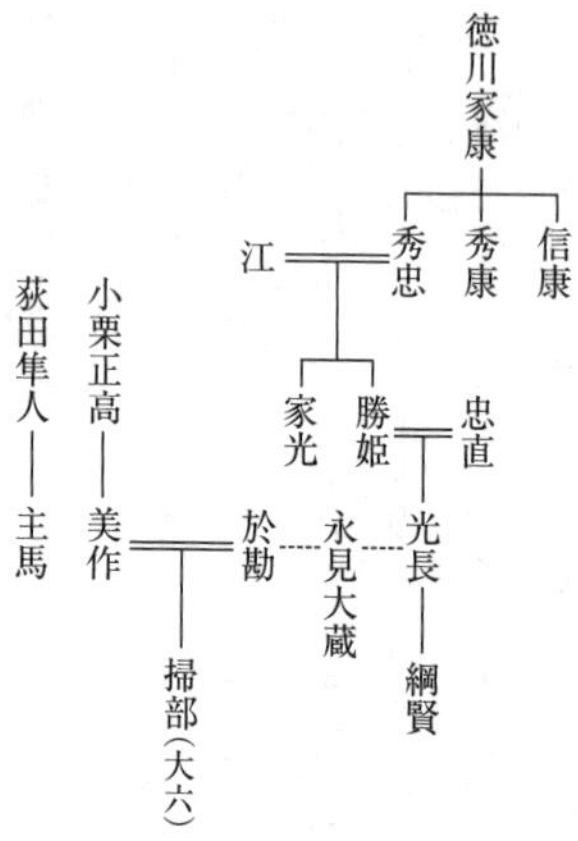

図4－6－2　高田藩松平家の家系と越後騒動

もなく家臣を切り捨てるなどの常軌を逸脱した行動がつづきました。これに業《ごう》を煮やした岳父の秀忠は、忠直を豊後（大分県）へ配流しました。嫡男で一〇歳の仙千代（光長《みつなが》）が跡を継ぎましたが、領地は越後の高田二五万石へ移されています。

高田藩主となった光長が、ほとんど江戸で暮らしたため、主席家老の小栗正高《まさたか》と次席家老の荻田隼人《おぎたはやと》が藩政を仕切ることになりました。

一六六五年の冬、越後でも珍しいほどの大雪が降り積もり、高田《たかだ》の家並みは、厚さ一丈四尺（四・二メートル）の雪に埋まりました。そして、一六六六年二月一日午後四時すぎ（寛文《かんぶん》五年一二月二七日申下刻《さるのげこく》）、突然の地震に襲われたのです。

高田城の本丸では、建物が全壊して瓦門が崩れ、二つの角櫓《すみやぐら》と土居《どい》（土塁）が崩れました。二之丸では城代屋敷が倒壊して、三之丸でも土居が崩れ、大手の一之門が崩れ、侍屋敷の七〇〇軒余りが倒壊しました。城内で命を失ったのは一二〇人余りで、武士は三五人でした。さらに、城下に並んだ町家の大半が倒壊しています。

真冬で夕食を準備する時間に激しく揺れたため、こたつや台所から火が出て、燃え広がりました。そして、逃げまどう人々の行く手を、背丈の三倍近い高さに積もった雪がさえぎりました。落下した氷柱《つらら》が突き刺さり、あるいは、屋根からの雪崩に埋まって多くの人が絶命し、死者の数は千数百人にのぼっています。

この地震で家老の小栗《おぐり》正高と荻田《おぎた》隼人が圧死し、家老の岡島壱岐や重臣の根津与市・小栗十蔵が重傷を負いました。糸魚川《いといがわ》城主荻田隼人は、歳暮の儀式に参列するため、深い雪道に苦しみながら、やっと高田城に到着した翌日の死でした。

一瞬にして重鎮《じゅうちん》を失った高田藩は、それぞれの子である小栗美作《みまさか》（四〇歳）と荻田主馬《しゅめ》に政務が託されました。

幸いにも、筆頭家老の小栗美作が手際よく震災復興を進めました。幕府から見舞いとして米三〇〇〇俵が贈られましたが、彼は、さらに五万両を借り受け、その半分を城下の復興に使いました。具体的には、間口一間につき一両、裏町は二分の割合で領民に貸し与え、借金留帳に全戸の姓名をきちんと記入しています。

美作は、地震で打撃を受けた町並みの区画を変更し、これが現在の高田市街（現・上越《じょうえつ》市）になりました。さらに、江戸の河村端軒《ずいけん》を招いて直江津《なおえつ》港を改善し、関川《せき》の川底を掘り下げて大型船の往来を可能にしました。その他、大潟中谷内新田《おおがたなかやちしんでん》や保倉谷の開墾、大鹿《おおしか》たばこの改良、八海山《はっかいさん》の銀採掘なども成功させています。

行政的な手腕を発揮した小栗美作でしたが、藩主光長の義妹「於勘《おかん》」を妻にしたことが反感を招き、「野心あり」とさえ言われました。また、震災を機に、これまで土地で与えていた俸禄を米に変更したことで、藩の財政は潤いましたが、不利益となった藩士たちが彼を憎みました。

一六七四年に藩主光長の嫡男（綱賢）が病死すると、跡継ぎをめぐって、美作と、光長の異母弟の永見大蔵《ながみおおくら》らが対立しました。これが、美作たちと、永見大蔵・荻田主馬・岡島壱岐らが激しく争う「越後騒動」に進展したのです。

五代将軍徳川綱吉から一六八一（延宝《えんぽう》九・天和《てんな》元）年に処分が下されました。美作と、彼と於勘の子で一八歳の掃部《かもん》（大六）が切腹、相手方の永見大蔵と荻田主馬は八丈島流刑という不公平な裁定でしたが、その日のうちに、美作父子は命を絶ちました。

江戸で贅沢な暮らしをつづけていた藩主の松平光長は、高田の領地を没収されて、伊予松山城主松平定直のもとにお預けの身となりました。それでも、七年後には江戸に帰り、一七〇七（宝永四）年に九三歳で没するまで、風月を楽しみながら余生をすごしています。奇しくも、彼の死から六日後に富士山の宝永火口から噴煙が昇ったのです。

島原大変と松平忠恕

愛知県の南部に位置する額田《ぬかた》郡幸田《こうた》町で、東海道本線「三ヶ根《さんがね》」駅を降りて東へ歩くと本光寺《ほんこう》があります。一五二三（大永《だいえい》三）年に、深溝《ふこうず》城主の松平忠定が建てた曹洞宗の寺院で、「三河のあじさい寺」としても知られています。

深溝松平家の初代藩主は忠定《ただされ》ですが、六代の忠房から九州の島原《しまばら》藩主となっています。一七四九年には宇都宮藩の戸田氏と領地交換になり、二五年後にもとに戻され、その後は江戸時代の終わりまで島原を治めています。

本光寺の東御廟所には、島原藩の歴代藩主の墓が順に並んでいますが、一一代藩主松平忠恕《ただひろ》の墓だけは、別の場所に置かれました。自らの失態を恥じて、そうするように遺言したと伝えられています。

宇都宮から島原に帰った時の殿様が松平忠恕です。しばらくして、困った問題が持ち上がりました。島原半島の中央にそびえる普賢《ふげん》岳が、長い眠りから目をさましたのです（図4-6-3）。

寛政三年一〇月から地震がはじまり、年が明けた寛政四（一七九二）年一月一八日の夜更けに、普賢岳から噴煙が昇りました。二月には、中腹にある穴迫《あなさこ》谷から流れ出した真っ赤な溶岩が、谷を埋めながら焼け落ちて、三会《みえ》村の千本木《せんぶぎ》付近まで達しました。

最初は怖がっていた領民たちも、しばらくすると、近隣はおろか他国の人までが、噴火見物に訪れるようになりました。昼夜の区別なく登山する者が後を絶たず、麓の茶屋では

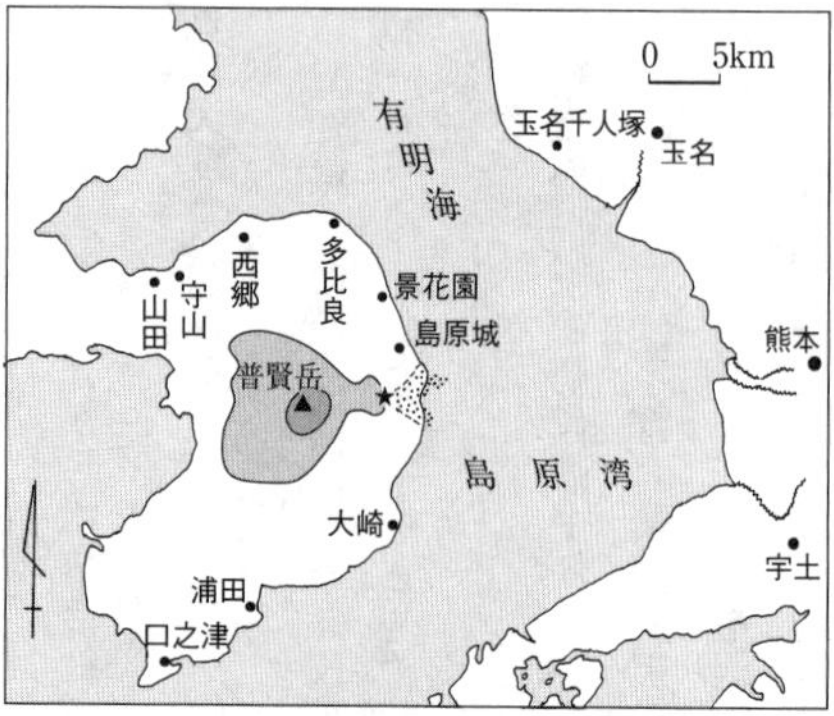

図4-6-3　島原大変肥後迷惑の位置図
薄いアミは500m以上、濃いアミは1000m以上を示す。
星印が前山で、ドットは崩れ落ちた岩塊。

酒宴がくり広げられるようになりました。

あまりの有様に驚いた忠恕は、見物を制限して、それぞれの家の亭主が様子を見に来ることだけを許可しました。また、麓《ふもと》に祭壇を設けて、神官・僧侶を集めて祈願をさせています。


二月末には普賢岳の飯洞《ばんどう》岩から噴火がはじまり、翌月（閏《うるう》二月）には、城下の近くまで溶岩が流れてきました。そして、三月一日には、強い揺れに襲われて、前山の一部が崩れて樹木が焼け、城下にも深い地割れが生じました。

動揺した住民たちは、近くの村々へ避難をはじめました。忠恕の子たちや女中・お伴の侍などの一行も、三月二日に島原半島の北西端にある山田《やまだ》村（雲仙《うんぜん》市）の庄屋宅や法性《ほっしょう》寺へ立ち退いたことが『守山庄屋寛政日記』に書かれています。

その後も地震がつづきました。しかし、三月中頃から地震が少なくなり、安心した領民たちは、避難先から自分の家に帰るようになりました。このような一時の静寂と人々の油断が大きな悲劇を招くことになり、家老の板倉勝彪《いたくらかつたけ》も『寛政大変記』のなかで「これが運の尽きだった」と筆を走らせています。

一七九二年五月二一日の午後六時頃（四月一日酉刻《とりのこく》）、M6・4の地震が二回つづきました。この衝撃によって、標高七〇〇メートルにおよぶ前山の南東部（天狗山《てんぐ》）で、幅一キロの範囲が大音響とともに崩れ落ちたのです。

大量の岩屑や土塊《どかい》が、城下の家々や神社や仏閣のすべてを押し流しながら、有明海《ありあけ》に流れこみました。あたかも、「山が飛んで海に入った」有様《ありさま》で、海面に点々と顔を出した山体は「九十九島《つくも》」と名付けられました（扉写真参照）。

死体が累々と横たわった城下では、倒れた家や材木の下敷き、あるいは、土砂に埋まった人たちが泣き叫んでいました。海辺の人々は家もろともに流され、数百隻もあった廻船・漁船も行方知れずとなりました。

前山の麓にあった、上ノ原の菜種《なたね》番小屋では、泣き叫ぶ声が四方に聞こえ、生きた心地がしませんでした。暗闇に目をこらすと、畑の付近は同じなのに、まわりの山の様子が変わっていて、その上、海の波の音が聞こえていました。翌朝、家を乗せたまま地面が一五、六町も海に向かって押し出されたことを知って仰天しています（『島原大変記』）。

大崩壊によって岩屑や土塊が有明湾に流れこんだため、対岸にあたる肥後《ひご》（熊本県）の沿岸には、大きな津波が押し寄せました。

熊本県玉名《たまな》市扇崎の海を望む丘の上には、津波のすぐ後に地元の庄屋が建てたと伝えられる弔魂碑《ちょうこんひ》（千人塚）があります。正面には南無阿弥陀仏と書かれ、その他の三面には、四月一日の夜に山が崩れて海に入り、潮があふれて、肥後国の飽田《あきた》郡・宇土《うと》郡・玉名郡の浦々に押し寄せて、溺れ死んだ人たちが玉名郡では二二〇〇余人、飽田・宇土両郡あわせて四千数百余人、たまたま生き残った人も、父母を失い、あるいは老人は子や孫に先立たれて泣き悲しんだなどと刻まれています。この津波による熊本藩の減収は、三六万九〇〇〇石に上りました。

肥後の沿岸を襲った津波は、折り返して島原に向かいました。そして、南は浦田《うらだ》（南有馬《みなみありま》町）から、北は西郷《さいごう》（瑞穂《みずほ》町）までの広い範囲が波に呑まれています。最初の津波の時には、城下の人々が島原城の大手門を通って城内へ避難できました。その後、門が閉ざされたため、第二波では、多くの人たちが門の外側で溺れ死ぬことになりました。この間の津波は最大で三〇尺（九メートル）にもおよび、島原藩と肥後藩の間を三回も行き来しています。

島原城にいた藩主の松平忠恕は、前山が崩壊した翌日、馬にまたがって守山《もりやま》村（現・雲仙市）に避難しました。忠恕は、残した家臣たちを心配して、藩の役所も、すべて三会村景花園の御茶屋に移して、家臣の家族たちも避難するように命じました。藩士のなかには幕府からのお咎《とが》めを懸念する者もいましたが、多くの人馬を雇って、大がかりな引っ越しが行われていきます（『寛政大変記』など）。

災禍から一八日目の朝、守山村に籠もっていた松平忠恕は、馬で島原城にやってきました。城内を見回った後、大手門の外に出て前山の崩壊や城下の惨状を眺め、想像を絶する悲惨さに茫然《ぼうぜん》自失《じしつ》となりました。この時、殿様の目から涙がこぼれ落ちたと書かれていますが、夕方には避難先に戻りました。

未曾有の大惨事にもかかわらず、しばらく城を離れていた領主。幕府から叱責《しっせき》されることは必至でした。翌日の昼前から病となって床についた気弱な殿様は、医者が手当をつくす甲斐もなく、四月二七日に帰らぬ人となりました。享年五一、前山崩壊から一ヶ月足らずの死でした。

突然の災害で領主の務めを放棄した松平忠恕ですが、日常的には、愚かな殿様ではなかったようです。この悲劇にいたる前には、除米制で毎年五〇〇〇石を備蓄《びちく》して災害・飢饉に備え、人材育成のために藩学の設立を目指しています。彼の死後、六男の松平忠馮《ただより》は、父の願いだった藩校（稽古館《けいこかん》）を設置するとともに、櫨《はぜ》を栽培して蠟《ろう》を生産するなど、藩の財政を立て直すことに尽力しました。

写真4－5　本光寺の地震跡
1945年の三河地震で崩れ落ちた東御廟所の土塀。

島原藩で一万余、肥後藩で四千数百の命を奪った大惨事は、「島原大変肥後迷惑」と呼ばれました。そして、一世紀半後の一九四五（昭和二〇）年一月一三日、深溝の本光寺から数百メートル南西にある深溝断層などが活動して、三河地震を引き起こしました。この時の激しい揺れで、松平家代々の墓地も壊れています（写真4－5）。

7 芭蕉の宝物を奪った地震——海を陸にした地形の変化

一六四四（正保《しょうほう》元）年に伊賀上野《いがうえの》（三重県）で生まれた松尾芭蕉《ばしょう》は、一三歳で父親を亡くして、侍大将の藤堂新七郎に雇われました。

新七郎の三男の良忠は、「蟬吟《せんぎん》」という俳号で、京都在住の北村季吟《きぎん》に師事していました。心根の優しい彼は二歳年下の奉公人を可愛がり、一緒に俳句を学びました。ちょうど、この時期に、一六六二年の近江・若狭地震（第四章3参照）が発生して、京都でも多くの家が倒れています。

地震から四年後に蟬吟が夭折し、江戸に上った彼は、本船《ほんふな》町（現・中央区日本橋室《むろ》町）の小沢太郎兵衛（俳号は得入《とくにゅう》）のもとで働きました。

「桃青《とうせい》」という俳号だった彼は、機知に富んだ明るい性格で、俳席を盛り上げました。そして、一六七八年刊行『江戸三吟』では、次の句を詠んでいます。

大地震　つづいて竜や　のぼるらん　似春
長十丈の　鯰なりけり　桃青

似春《じしゅん》が地震と竜を結びつけたのを受けて、桃青がナマズを登場させたのです。当時の江戸では、俳句の集まりが知識人のサロンでしたが、地震からナマズを連想するという文化が、すでに浸透していたようです。

図4－7－1　奥の細道と地震に関する位置図
破線は芭蕉が歩いたコースで、太い実線は本文に記載した断層帯。TFZ：津軽山地西縁断層帯、NFZ：能代断層帯、SFZ：庄内平野東縁断層帯。

一六八〇年の冬、三七歳の桃青は日本橋から深川《ふかがわ》に移り住み、翌年から俳号が「芭蕉」になりました。そして、一六八九（元禄二《げんろく》）年の春、弟子の曾良《そら》を伴って「みちのく」に旅立ちました。西行法師《さいぎょう》や能因法師《のういん》が和歌を詠んだ「歌枕《うたまくら》（名所）」を訪ねたいという思いが、彼をかき立てたようです（図4-7-1）。

奥州《おうしゅう》の平泉《ひらいずみ》で「夏草や　兵《つわもの》どもが　夢の跡」と詠んだ芭蕉は、山を越えて出羽国に向かい、途中、大石田《おおいしだ》から船で最上川を下りました。そこから、羽黒《はぐろ》山や月山《がっ》や湯殿《ゆどの》山に登り、鶴岡《つるおか》から舟で酒田《さかた》港に着きました。

六月一六日（旧暦）に吹浦《ふくら》（山形県北西端）を発って、昼すぎに象潟《きさかた》（現・にかほ市）に着きましたが、あいにくの雨だったので、欄干《らんかん》橋から島々を眺めています。翌朝には蚶満《かんまん》寺を訪れ、雨が止んでからは、舟を浮かべて「八十八潟・九十九島」の美しい景観を堪能しました。一八日は快晴となり、鳥海《ちょうかい》山の晴嵐《せいらん》を眺めた後、酒田に向かいました（『曾良随行日記』）。

象潟や　雨に西施が　ねぶの花

雨のなかで薄紅の合歓《ねむ》の花が咲き、まるで「西施《せいし》」の憂いに満ちた面影《おもかげ》のようだという句です。中国の春秋時代、越《えつ》王の勾践《こうせん》が、敵対する呉《ご》王の夫差《ふさ》を堕落させるために呉国に送った、絶世の美女が西施です。

先に訪れた松島を「笑うが如く」と感じた芭蕉は、象潟を「うらむがごとし」と表現して「寂しさに悲しみをくはえて、地勢魂をなやますに似たり」と書き加えました。

象潟を後にした芭蕉は、海岸沿いに越後から加賀を経て、福井・敦賀から大垣にいたりました。全行程二四〇〇キロにおよぶ旅を終えて、一六九一（元禄四）年から『おくのほそ道』の執筆をはじめました。

この作品の影響は甚大で、その後、俳人たちはもちろん、中山高陽《なかやまこうよう》、池大雅《いけたいが》、谷文晁《たにぶんちょう》などの文人・画家たちが、芭蕉と同じ道筋を歩いています。

芭蕉が訪れてから一世紀経つと、象潟周辺の大地が騒がしくなりました。まず、東にそびえる鳥海山が一八〇一（享和《きょうわ》元）年に噴火し、噴石の落下で八名が即死しました。

そして、一八〇四年七月一〇日（文化《ぶんか》元年六月四日）午後一〇時頃に、大地が二、三尺ほど持ち上がったように感じました。地震かと思う間もなく激しい揺れが襲い、前後を忘れ、まるで夢のなかにいるようになりました。逃げ出そうと思っても、酒に酔った時のように、すこしも歩けず、子どもや親を助け出すこともできずに、多くの人がつぶれた家の下敷きになりました。そして、家ごとに、助けを求める声が響きわたっていました（『金《この》浦《うら》年代記』）。

夜明けとともに人々を驚天させたのは、象潟の変わりようでした。潟に浮かんでいた島々が隆起して、泥沼に点在する丘の群れとなってしまったのです。

象潟の誕生は、紀元前五世紀の鳥海山の噴火までさかのぼります。この時、山の北西側が大きく崩れて、大量の岩屑・土砂が日本海に流れこみました。海面には多数の岩塊が顔を出し、これを取り囲むようにのびた砂の帯（砂嘴《さし》）が海を仕切ったのです。

このようにして生まれた、長さ約二キロ、幅約一キロの、淡水と海水が混在した潟湖《せきこ》ですが、突然の地震によって一気に隆起したのです。

海岸付近の沖積低地では、液状化現象が発生しました。金浦（現・にかほ市）の磯辺に泥水が湧き出し、稲がゆすりこまれて苗代のようになった（『和右衛門万覚帳』）。田地の破損が著しく、砂水が涌きだして山のようになった。とくに、金浦村の田辺吉森口の田地は見事だった（『金浦年代記』）。小出《こいで》村の桂坂《かつらさか》では、畑を除く外の地盤が裂け、地底から硫黄の臭気を含んだ泥土が湧き出した（『斉藤興五右衛門記録』）などの記録があります。

この他、岡の谷地・谷地中・丸谷地・頃田・惣助田・俄坂の門十郎田と三郎平田でも、砂を含んだ地下水が流れ出していますが、これらは江戸時代のはじめに新田として開発された土地でした。

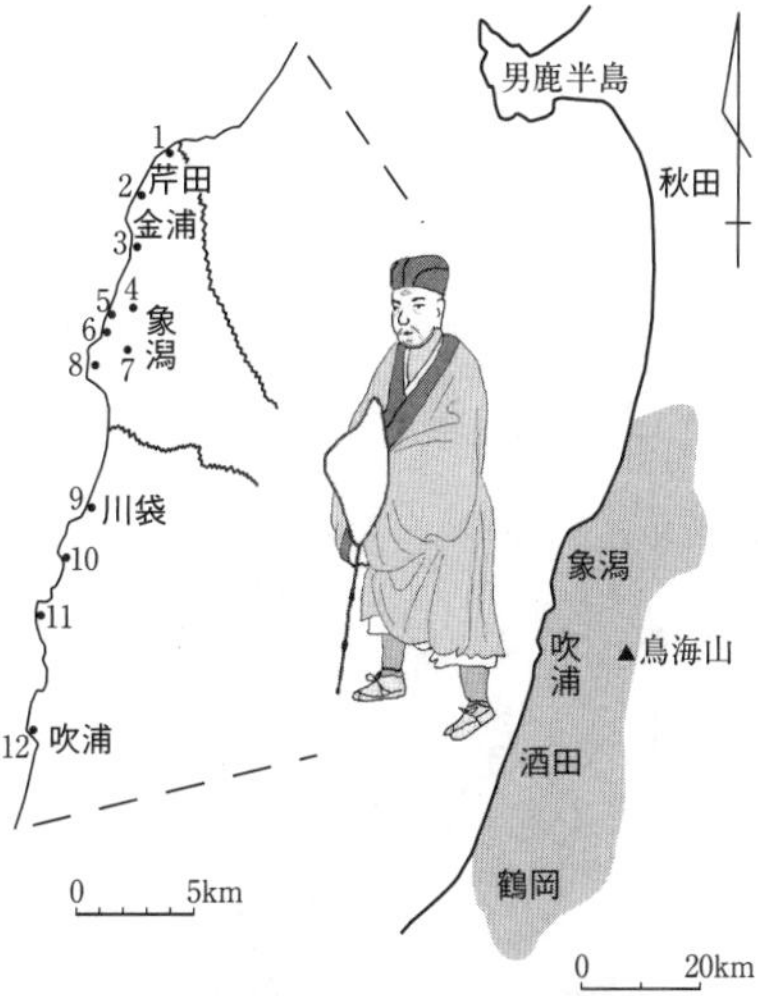

図4-7-2　象潟地震による地盤の隆起
アミで示したのは被害の著しかった地域、1～12は地盤の隆起量、1：90cm以上、2：1.3m、3：1.4～1.6m、4：1.8m、5：1.85m、6：1.85m、7：2m、8：2.03m、9：1.25m、10：1.1m、11：0.9～1m、12：約90cm（平野他、第四紀研究18巻の図より作成）

長岡村（現・にかほ市象潟町）では、家が倒れて液状化が起きて、仁賀《にか》保《ほ》の一八ヶ村で火事があり、堤が破損して水が流れ出して田畑や家のなかまで浸水しました。

本庄から鶴岡にいたる一〇〇キロ近い範囲で、

犠牲者三〇〇余人の被害を与えた象潟地震です。平野信一さん（東北大学）らのグループは、地震が起きる前の地形を丹念に復元して、地盤の変動量を求めています。それによると、海岸に沿う活断層が活動してM7・1程度の地震を引き起こし、南北二五キロ以上の範囲が隆起して、象潟付近の海岸は最大一・八メートル持ち上がりました（図4-7-2）。

当時の相撲界で「鉄人」といえば、名大関の雷電為右衛門《らいでんためえもん》です。出雲の松江藩お抱え力士として初土俵を踏んでから、二一年間に二五四勝一〇敗で優勝二七回という圧倒的な強さをしめしました。身長六尺五寸（一九七センチ）・四五貫（一六九キロ）ですから、現在の把瑠都《ばると》（尾上《おのえ》部屋）と同じくらいの体格で、当時としては並外れた巨漢力士でした。几帳面な性格で、現役時代に『諸国相撲控帳（雷電日記）』、引退してから『萬《よろず》御用覚帳』を著しています。

彼は、一七九八（寛政一〇）年の夏に、秋田から大達（大館《おおだて》市）・ぬしろ（能代《のしろ》市）・人市（八郎潟《はちろうがた》町）を経て、鶴ヶ岡（鶴岡市）を訪れましたが、道中で、象潟の島々が織りなす美しい眺めに心を奪われています。

象潟地震の当日は、仙台で相撲興行の最中でした。その後、山形や柴橋《しばはし》（寒河江《さがえ》市）で興行してから、天當（天童《てんどう》市）を経て秋田に来ました。さらに南に向かう道中で見聞した被害の様子が、『雷電日記』に書かれています。

写真4－6　地震で干上がった象潟の島々
正面に見えるのが奈良島で、水田に影が映っている。

八月五日（旧暦）に秋田を出発して出羽鶴岡（鶴岡市）に向かった。六合から本庄（由利《ゆり》本庄《ほんじょう》市）を経て塩越《しおこし》（にかほ市象潟町）へ向かう道中では、壁が壊れ、家が倒壊し、石地蔵は壊れ、墓石も倒れていた。塩越では、すべての家が倒壊し、寺の杉の木が倒れて地面に刺さっていた。喜サ形（象潟《きさかた》町）は、前に訪ねた時には、足の膝くらいに水があり、満潮の時には首筋まで海水に浸かり、九十九島といわれた。それが、大地震で持ち上がって丘になった。その他に、小舟が浮かんでいて、港もあったが、これも丘になった（写真4－6）。

地震が起きたのは六月四日夜の四ッ時（午後一〇時

頃）ということだった。地面が割れて水が激しく湧き出したので、老人や子どもは逃げるのに困って右往左往《うおうさおう》した。たくさんの馬や牛も死んだ。象潟から酒田までの浜通りは、すべてが、割れたり崩れたりした。酒田では三〇〇〇もの蔵が壊れ、町中で地面が割れて、町の北側が三尺（一メートル）ほど高くなった。長鳥山（鳥海山）は、地震の夜から山火事となり、岩が崩れ落ちた。

雷電は、八月七日に鶴岡に着いて、一〇日に初日を迎えて二〇日に場所を終えました。この間に、一万一五〇〇人もの観客が相撲見物に訪れています。

六年後の一八一〇年九月二五日午後三時頃（文化七年八月二七日昼八ツ半）、すぐ北にある男鹿半島で地震（M6・5程度）があり、八郎潟西岸が一メートル前後、隆起しています。この時に通りがかった博物学者の菅江真澄《すがえますみ》が、家が倒れて、人々が逃げまわる様子を旅日記『男鹿《おが》の寒風』に記しています。

芭蕉がこの世を去ったのは一六九四（元禄七）年の晩秋でした。五ヶ月ほど前の六月一九日午前六時すぎ（五月二七日卯下刻《うのげこく》）、秋田県北端の能代平野で大きな地震が発生しています。平野の西端に分布する能代断層帯が、東側が二～三メートル上昇するような活動を行い、野代で約三〇〇人が亡くなりました（図4-7-1参照）。

今度は、一七〇四年五月二七日の正午すぎ（宝永元年四月二四日午下刻）、すぐ北の地域で、大きな地震が起きました。岩館（秋田県山本郡八峰《はっぽう》町）付近の海岸が二メートル近く隆起し、野代では火事で七五八軒が燃えました。この地震の後、「野に代わる」というイメージを避けて「能代」と改めています。

一七六六年三月八日午後六時頃（明和《めいわ》三年一月二八日酉刻《とりのこく》）には、弘前を中心に津軽半島が激しく揺れましたが、五千数百軒が倒壊して約一〇〇〇人が圧死し、火事で約三〇〇人が焼死しています。液状化現象によって、地面を引き裂きながら砂を含んだ水が流れ出したことが、五所川原《ごしょがわら》市の『平山日記』など、多くの史料に書かれていますが、子どもが割れ目に落ちこんだという記述もあります。津軽山地西縁《つがるさんちせいえん》断層帯が活動した可能性が高いです。

一七八三（天明三）年には、現在の弘前市西方にある岩木《いわき》山と、長野・群馬両県にまたがる浅間《あさま》山が相次いで噴火しました。その後、一七八七年までつづいた天明《てんめい》の大飢饉によって、東北地方を中心に数万人が餓死しました。実は、アイスランドのラキ火山なども一七八三年に大規模な噴火を行っており、これに伴う北半球の寒冷化と飢饉が一七八九（寛《かん》政《せい》元）年のフランス革命の遠因になったといわれています。

象潟を訪れる前、芭蕉は酒田に住む知人の医師宅に泊まり、「暑き日を　海に入れたり最上川」の句を残しました。最上川に沿う酒田の湊《みなと》町は、一六七二年に河村瑞賢《ずいけん》が西回り航路を整備してから栄えていました。

象潟地震から一〇〇年近く後の一八九四（明治二七）年七月に日清戦争の火蓋が切られ、直後の一〇月二二日午後五時三五分、山形県西部をM7・0の地震（庄内地震）が襲いました。被害が著しかったのは庄内平野で、最上川・赤《あか》川などの流域で地盤の軟弱な低地に被害が集中しています。ちょうど、夕食を準備する時間だったので、酒田町では豪商の邸宅や料亭が並ぶ船場町などから出た火が、強風に煽《あお》られて燃え広がり、市街の半分が焼きつくされました。この他、松山《まつやま》町・平田《ひらた》町などの地域が、家屋の倒壊と火災に見舞われ、全壊家屋約四〇〇〇棟、全焼家屋二〇〇〇余棟、死者七〇〇名以上の震災となりました。

東北地方の日本海沿岸地域では、九世紀にも大地震が連続しています（第四章2）。江戸時代中頃、松尾芭蕉の死を悼《いた》むかのように、再び、大地が揺れつづけたのです。

8　江戸幕府の滅亡と地震——ナマズが大暴れした幕末

善光寺地震

長野盆地の西縁にあるのが善光寺です。本尊の一光三尊《いっこうさんぞん》阿弥陀如来は、インドから百済を通って日本に伝わった最古の仏像です。一四〇〇年ほど前に、廃仏派の物部《もののべ》氏が難波《なにわ》（大阪市）の堀江に捨てたのを、信濃国司の従者だった本田善光《ほんだよしみつ》が、信濃国へ持ち帰ったと伝えられています。

一八四七（弘化《こうか》四）年は本尊御開帳の年にあたり、三月一〇日（旧暦）からは、全国から訪れた善男善女で境内は満ちあふれていました。この寺は、すべての宗派に門戸を開き、身分や男女の差別もなく、庶民の寺として人気を集めていたのです。

五月八日の午後一〇時すぎ（三月二四日亥刻《いのこく》）、突然の激しい揺れによって、本堂・山門・経蔵《きょうぞう》以外の建物はすべて崩れ落ち、燃え上がった火が、寺にあった四六の僧坊のう

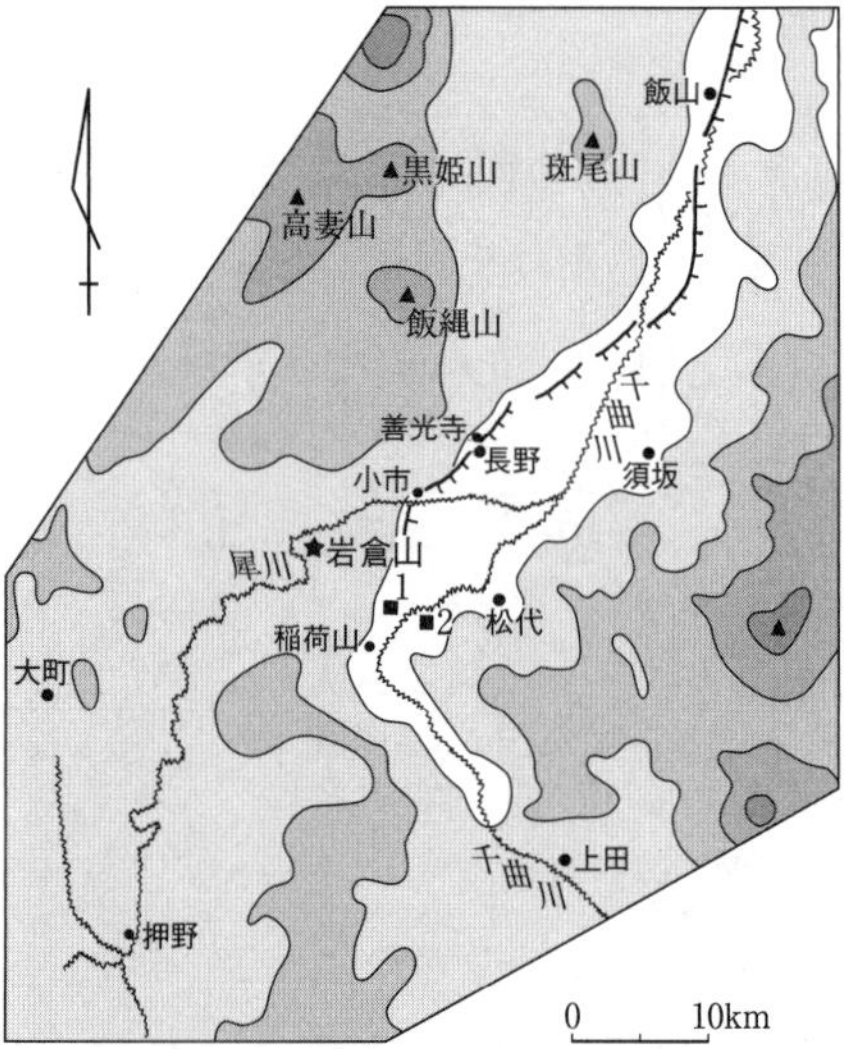

図4-8-1　善光寺地震の位置図
太い実線は長野盆地西縁断層帯、海抜高度500mごとにアミの濃さを変えてある。
1：篠ノ井遺跡、2：窪河原遺跡、星印の岩倉山（虚空蔵山）の西側斜面が崩れて犀川をせき止めた。

ち四四を焼きつくしました。また、善光寺町も横沢《よこさわ》町などが焼け残った他は、残らず焼失しました（図4-8-1）。

松代藩家老河原《かはら》綱徳《つなのり》の『むしくら日記』には、「一軒の宿屋に三、四〇〇人から四、五〇〇人も泊まっていて、そのなかの七割が死んだだろう。江戸からも多くの参拝客があるが、帰ってこない者が多いと聞く。稲荷山《いなりやま》宿（現・千曲《ちくま》市）でさえ旅人が八〇〇人も死んだと聞くが、善光寺は宿屋から僧坊まで加えて三、四〇〇〇人の旅人が死んだであろう」と書かれています。

長野盆地の西縁に沿って、約五〇キロにわたってのびるのが長野盆地西縁断層帯《ながのぼんちせいえん》です。この断層帯の活動で西側が上昇して筑摩《ちくま》山地、東側が低下して長野盆地になりました。この断層は善光寺境内から数百メートル東を通過しており、北に位置する飯山《いいやま》では断層に沿って地面が六尺ばかり（約一・八メートル）揺り上がり、町はつぶれてから燃えました（『むしくら日記』）。

この断層帯のトレンチ調査の結果、もっとも新しい断層活動で善光寺地震が発生し、今から一一〇〇～一三〇〇年前にもう一つ前の活動があったことがわかりました。

筑摩山地の各地で崩壊や地滑りが生じましたが、とくに規模が大きかったのは山平林《やまひらばやし》村と安庭《やすにわ》村の間にあった岩倉《いわくら》山（虚空蔵《こくぞう》山）です。山腹が二方向に滑り落ちて、南西に向かった岩屑と土砂が、信州新《しんしゅうしん》町で河川（犀《さい》川）をせき止めました。徐々に規模が大きくなった湖は三〇キロを越える長さになって、松本盆地東部の押野《おしの》（明科《あかしな》町）まで達しています。

逆に、犀川の下流側では、翌朝の午前四時頃には、水面が膝の下ぐらいの位置になって、子どもでも川を歩いて渡れるようになりました。

下流側の人たちは、せき止めた箇所が崩れて洪水に襲われることを心配して、食料や家財を持って山へ逃げて小屋に住んだりしています。松代《まつしろ》藩も、川に崩れ落ちた土砂を取り除くことや、土堤を補強することに力を注ぎました。また、川が長野盆地に流れ出す位置にあった小市《こいち》(北側)と小松原(南側)では、集落の背後の山に烽火台《のろしだい》を設置し、出水の時には大鐘を鳴らして村人に知らせる準備をはじめました。

地震から二週間後、五月二二日と二三日は雨が降りつづきました。二七日の昼すぎには、せき止め地点から流れ落ちる水音が激しくなりましたが、この直後、土砂や巨石を押しのけて、湖水が一気に流れ出したのです。堰留を次々に押し払いながら進んだ濁流は、小市では水の高さが六丈六尺(約二〇メートル)にも達しました。さらに、小市の集落の南半分を呑みこんで真っすぐに進み、新しく築いた土堤や、四ッ屋の集落を押し流しながら、川中島平《かわなかじまだいら》の扇状地を濁流が覆いました。

この結果、善光寺平《ぜんこうじだいら》(長野盆地)の、南は稲荷山から、北は飯山にいたる長さ四〇キロ余の範囲が洪水に襲われて一〇〇人余が犠牲となりました。もし、藩や領民が対策をとっていなかったら、さらに多くの命が奪われたことでしょう。

善光寺地震の痕跡は、考古学の遺跡にも刻まれています。盆地の北部にある更埴《こうしょく》市の窪河原《くぼかわら》遺跡では、長野県埋蔵文化財センターの発掘調査で幅四〇センチほどの砂脈が、鎌倉時代の畠跡や、一八世紀の地層を引き裂いていました（写真4-8-1）。この砂脈の最上部が洪水堆積物に覆われていたので、善光寺地震で液状化現象が発生して噴砂が流れ出し、直後に洪水が押し寄せたことがわかります。

また、長野市の篠ノ井《しののい》遺跡では、一一〇〇〜一三〇〇年前の液状化跡が見つかっています。

写真4-8-1　窪河原遺跡の液状化跡
長野県埋蔵文化財センターの調査によって、鎌倉時代の畠跡を引き裂く砂脈が見つかり、1847年の善光寺地震の痕跡とわかった。

安政江戸地震

善光寺地震の惨状は全国に伝わりました。目撃した参詣人が郷里に帰って話し、この頃に普及していた「かわら版」に絵図入りで紹介されたからです。

さらに、この地震から六年後にペリーの黒船がやって来て、その翌年（一八五四年）の暮れには、安政東海地震と安政南海地震が連続しました。

黒船騒ぎと巨大地震の余韻が残る一八五五年年一一月一一日の午後一〇時頃（安政二年一〇月二日夜四ッ頃）。歌舞伎役者の中村仲蔵《なかむらなかぞう》は、両国の中村屋（隅田川の東岸）で踊りの師匠のお浚《さら》いがありました。ご飯を食べて、さあ帰ろうと身支度を済ましたころ、地面がドドドドと持ち上がりました。怖がる人たちに「騒ぐことはない、これは地震の大きいのだ」といいましたが、立とうとすると大きく揺れだして、足を取られて歩けませんでした。仲蔵は、階段を降りるのは危険だと判断して二階に留まったため、家がつぶれた後に、屋根から外に逃れ出ることができました（『手前味噌』）。

江戸の町を直撃した安政江戸地震ですが、本所《ほんじょ》・深川《ふかがわ》・浅草《あさくさ》・下谷《したや》・神田小川町《かんだおがわまち》・小石川《こいしかわ》・曲輪内などの下町地域に被害が集中しました。かつての海岸の入り江や、河谷にやわらかい地層が堆積した地域で、地震の揺れが増幅したのです。約一万人と推定される死者の多くは圧死で、密集した長屋で借家住まいをしていた人たちの多くが犠牲になりました。

火事によって、翌日の昼頃までに二・二平方メートルが燃えましたが、悲惨だったのは新吉原《しんよしわら》の遊郭です。遊女たちが逃げ出せないように、周囲を〝おはぐろどぶ〟という溝で囲まれていて、出入口は大門だけでした。溝に架ける緊急用の刎橋《はねばし》を降ろす間もなく、火の海となって一〇〇〇人余りが焼け死んでいます。

この地震を体験した人の記録によると、最初の揺れから大きな揺れになるまで数秒ほど経過しているので、震源の位置はかなり深いと考えられています。遠田晋次さん（京大防災研）は、地下深く潜りこんだ太平洋プレートの先端が、江戸の直下でまわりから切り離されて四角な板（関東フラグメント）のようになって分離していることに注目しました。これが、陸側のプレートやフィリピン海プレートにはさまれており、この境界から安政江戸地震が発生したと考えています。

地震の強い揺れで玉川上水の樋《とい》も壊れました。そして、新宿から江戸城の四ツ谷《よつや》御門付近まで、水が流れ出して往来が水浸しになりました。地下鉄七号線溜池《ためいけ》・駒込《こまごめ》間遺跡調査会による江戸城外堀跡地下鉄七号線四ツ谷駅出入り口地点の調査では、外堀跡を埋めた地層を引き裂く安政江戸地震の砂脈が見つかり、新宿歴史博物館や江戸東京博物館で展示されています（地下鉄七号線＝都営地下鉄南北線）。

当時一六歳だった佐久間長敬《おさひろ》の体験談によると、南町奉行所に集まった若い与力《よりき》・同心《どうしん》

図4-8-2　ナマズ絵（町田市立博物館所蔵）
地震でお金をもうけた人たちが、鯰の神像に感謝して拝んでいる。

たちが協議して、すぐに方針を決めています。罹災《りさい》者に炊き出しと握り飯をくばる、家を失った者へのお救い小屋を建てる、怪我人の手当、問屋総代を呼び出して日用品などを買い集める、職人組仲間総代を呼び出して諸国より職人を集める、売り惜しみ買い占めの警戒、物価の法外な引き上げの取り締まりなどと、現実的で適切な内容です。

地震の五日後までに、幕府の「お救い小屋」が、幸《みゆき》橋御門の外・浅草広小路・深川大工町・上野御火除地・深川八幡社の五ヶ所に設けられて、二七〇〇人の被災者が収容されました。一日五合の米が与えられた他、味噌・醤油・菓子・芋・手拭いなどの寄付があり、髪結《かみゆ》いなどの奉仕も受けました。

一方では、地震直後に大量に発行された「かわら版」によって焼失した町の絵図などの

水戸藩と地震の年表

嘉永6(1853)年	6月	ペリー来航。徳川斉昭が幕府海防参与に。
安政2(1855)年	10月	安政江戸地震、藤田東湖・戸田忠敞圧死。
安政5(1858)年	2月	飛越地震。
	4月	井伊直弼の大老就任。
	6月	日米修好通商条約締結。安政大獄の開始。
万延元(1860)年	3月	桜田門外の変。
元治元(1864)年	3月	藤田小四郎ら天狗党挙兵。
元治2(1865)年	2月	天狗党の処刑。
慶応4(1868)年	3月	江戸城明け渡し。

図4-8-3

情報が広く提供されました。このなかで圧倒的な人気を集めたのが「ナマズ絵」です(図4-8-2)。ナマズを主人公にして、震災直後の社会を風刺《ふうし》したユーモラスな作品ですが、富の集中や生活上の束縛など、庶民の心に蓄積された不満を解き放つ役割を果たしました。

現在の東京ドームがある後楽園には、小石川の水戸藩邸が位置していましたが、地盤が軟弱だったため建物が倒れ、家老の藤田東湖《とうこ》と戸田忠敞《ただあきら》など四六名が即死で、八四名が負傷しました。

藤田東湖は、「水戸学」の開祖である藤田幽谷《ゆうこく》の子で人望がありました。親孝行な彼は、母親を連れて外へ逃げ出した後、擂鉢《すりばち》の火を消し忘れた母が家へ戻ろうとしたので引き返して、崩れ落ちた天井の梁に打たれたのです。

黒船来航とともに、徳川斉昭《なりあき》が幕府の海防参与に任命され、水戸藩は国政の担い手となりました。しかし、斉昭を支え、「水戸の両田《りょうでん》」いわれた二人の家老を失ってからは、改革（天狗）派と保守門閥派に分かれて抗争をくり返しています（図4-8-3）。

飛越地震

天正地震で一瞬にしてこの世から消えたのが帰雲城《かえりくも》（第四章4）ですが、この城の少し東から、東北東に向かって真っすぐのびるのが跡津川《あとつがわ》断層帯です。岐阜県飛騨《ひだ》市から富山県上新川《かみにいかわ》郡の有峰《ありみね》湖付近まで、飛騨高地の山並みを横切って、六〇キロ余りの長さです。

一八五八年四月九日午前三時頃（安政五年二月二六日八ッ半頃）に、この断層帯が活動しました。両側の岩盤が右横ずれ方向に変位して、飛騨・越中・越前地域が激しく揺れて、断層のすぐ近くにあった中沢上《なかぞうれ》（飛騨《ひだ》市河合《かわい》町）や森安《もりやす》（飛騨市宮川《みやがわ》町）などの集落は壊滅的な被害を受けました。宇佐美龍夫さん（東大名誉教授）の解析の結果、倒壊率五〇パーセント以上の集落は断層沿いに集中していました。

跡津川断層帯の東端には、立山《たてやま》連峰の山並みがそびえています。常願寺《じょうがんじ》川がはじまる位置に、火山のカルデラのように丸く窪《くぼ》んだ地形が見られますが、ここに向かって大鳶《おおとんび》山と小鳶《ことんび》山が崩れ落ちました。この時に、秘境の湯治湯としてにぎわっていた立山温泉が埋まり、常願寺川最上流の湯《ゆ》川や真《ま》川がせき止められています。

地震から二週間後の四月二三日に、現在の長野県大町《おおまち》市付近でM5・7程度の地震がありましたが、この衝撃で、真川のせき止め箇所が崩れ、巨礫《きょれき》や大木を巻きこんだ「泥洪水」が常願寺川沿いの村々に襲いかかったのです。六月七日（旧暦四月二六日）にも泥洪水が押寄せましたが、前回は東岸、今回は西岸地域が押し流されて、加賀・富山両藩の三万三〇〇〇石余りの田畑が壊滅しています。

飛越地震では、「田んぼが割れて波のようになり、所々で地面が割れて砂がふき出した」「地面が割れて砂と石がふき出して地面に段差ができた」など、液状化現象をしめす記録が残されています。

砺波平野の北西端の低地にある高岡市の手洗野赤浦《たらいのあかうら》遺跡で富山県文化振興財団が発掘調査を行った時には、幅一メートル近い大規模な砂脈が何本もつづいていました。この遺跡の

写真4－8－2　岩坪岡田島遺跡の液状化跡
富山県文化振興財団の調査によって近世の地層を引き裂く砂脈が見つかり、1858年飛越地震の痕跡とわかった。

北西約四〇〇メートルにある岩坪岡田島《いわつぼおかだじま》遺跡では、幅数センチの細長い砂脈が多く見つかっています。どちらも飛越地震の産物ですが、掘り下げて調べると、手洗野赤浦遺跡の場合はおおむね一メートル前後、岩坪岡田島遺跡では約三メートルの深さから噴砂が上昇していました（写真4－8－2）。

高岡市福岡町の石名田木舟《いしなだきぶね》遺跡や開辟大《かいほつおお》滝《たき》遺跡は、一六世紀に木舟《きぶね》城の城下町として栄えていた地域です。幅一〇センチ余りの砂脈が縦横に走っていましたが、天正地震の痕跡も見つかっていますが、多くは飛越地震の産物でした。富山市教育委員会による金屋《かなや》南《みなみ》遺跡でも天正地震と飛越地震の痕跡が認められています。

この頃、開国によって米価が高騰して、貧しい人々が生活苦にあえいでいました。地震直後の八月一九日には金沢の約二〇〇〇人が城に向かって「ひだるーい（腹が減った）」と叫び、これを皮切りに、飛越地震の被災地一帯にも打ち壊しの嵐が吹き荒れました。八月二四日に起きた「高岡の打ち壊し」では、八〇〇人余の民衆が開発屋六兵衛宅など商家四〇数軒を襲っています。

地震から一ヶ月後、彦根《ひこね》藩主の井伊直弼《いいなおすけ》が大老《たいろう》に就任して日米修好通商条約が結ばれました。反対した水戸藩の徳川斉昭《なりあき》・慶篤《よしあつ》や尾張藩の徳川慶勝《よしかつ》は謹慎処分になり、直弼の推す紀伊《きい》藩の徳川家茂《いえもち》（慶福《よしとみ》）が将軍になりました。さらに、直弼による「安政《あんせい》の大獄《たいごく》」によって、水戸・小浜《おばま》・越前・長州・薩摩藩の人たちが処刑されました。

一八六〇年三月二四日（安政七・万延《まんえん》元年三月三日）、季節外れの大雪で、江戸の町は一面の銀世界でした。午前九時（五ツ半）に外桜田の藩邸を出発した井伊直弼の一行は、抜刀した侍たちの襲撃を受け、駕籠から引きずり出された直弼は斬殺されました。水戸脱藩士一七名と薩摩脱藩士による「桜田門外の変」です。

この後、水戸藩では藤田東湖の四男小四郎《こしろう》が天狗党を結成して、筑波《つくば》山で尊皇攘夷《そんのうじょうい》の旗揚げを行いましたが、中部山岳地域をさまよった後、敦賀（福井県）で降伏して鰊倉《にしんぐら》に押しこめられました。そして、一〇〇人余りが病死、藤田小四郎はじめ三五三人が死罪、家族は幼児にいたるまで殺されています。

江戸城が無血開城されたのは、この悲惨な結末から三年後でした。

9 近・現代の地震――揺れつづける地震列島

一八八二（明治一五）年四月に岐阜市を訪れた自由党党首の板垣退助《いたがきたいすけ》は、演説会場の入り口で刺客《しかく》に胸を刺されました。起き上がった彼が発した言葉が「吾死すとも、自由は死せん」です。このような事件を経て高まった自由民権運動のうねりのなかで国会開設が約束され、大日本帝国憲法発布と衆議院議員選挙を経て、一八九〇年一一月二九日に最初の国会が開かれたのです。

翌一八九一（明治二四）年の一〇月から岐阜県周辺の大地が騒がしくなり、一六日に一回、二五日には三回、大きな地震がありました。そして、一〇月二八日の午前六時三八分、日本列島の胴体部分を切断するような、激しい衝撃が走りました。内陸地震として最大規模の濃尾《のうび》地震（M８・０）が発生したのです。

名古屋市内では尾張紡績工場などの大きな建物も崩れて、木曾《きそ》・長良《ながら》・揖斐《いび》川が合流する輪中《わじゅう》地帯ではほとんどの家が倒れました。朝食の支度をする時間だったので火災が発生し、強い風に煽られながら燃え広がりました。

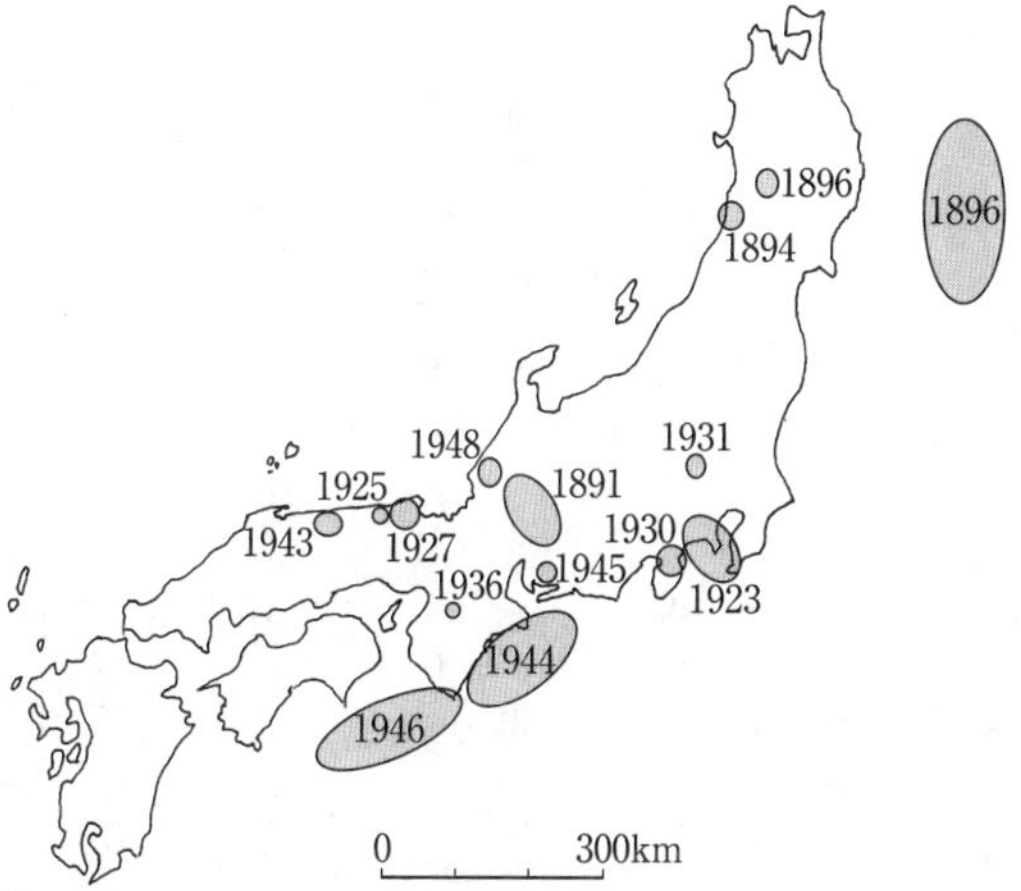

図4－9－1　濃尾地震から福井地震まで
地震の位置をアミで、発生年を西暦でしめした。この他、1896年の明治三陸地震の範囲内にやや小規模な1933年昭和三陸地震が発生している。

岐阜の市街地では、倒れた建物に消火器類が埋まり、井戸の内部は砂に満たされ、瓦礫の山が道路を分断したため、消火活動もできない状態で一面の焼け野原となりました。「岐阜は消えてしまった」といわれるほどの惨状でした。

この地震では、福井県南端の今立《いまだて》郡池田《いけだ》町から岐阜市にいたる温見《ぬくみ》断層・根尾谷《ねおだに》断層・梅原《うめはら》断層など、北西—南東方向に連なる濃尾断層帯が一斉に活動しました。岐阜県本巣《もとす》郡根尾《ねお》村（現・本巣市）水鳥《みどり》は、道路を斜めに横切るように、垂直方向に六メートル、左横ずれ方向に二メートルも地面が食い違い、「水鳥の断層崖」として世界中から注目されました（図4‐9‐1）。

濃尾地震から二年余り経過した一八九四（明治二七）年二月には、朝鮮半島で東学党《とうがくとう》の乱が起こり、日本から広島第五師団が出兵しました。直後の六月二〇日の午後二時四分に、東京湾の地下深部からM7・0の地震が発生しています。震源が六〇キロ近い深さだったため被害は軽微でしたが、長周期の揺れによって、本郷《ほんごう》で一八五本、麹町《こうじまち》で一四九本の煙突が倒れました。

この年の七月二五日に日清戦争の火蓋が切られ、一〇月二二日に庄内地震が発生しました（第四章7参照）。翌一八九五年に日清講和条約が結ばれましたが、ロシア・ドイツ・フランス三国が遼東半島の返還を要求し（三国干渉）、この要求を受け入れた後、「臥薪嘗胆《がしんしょうたん》」という言葉が雑誌「太陽」（博文館）に掲載されました。

翌（一八九六）年六月一五日には三陸《さんりく》地方が大きな津波に襲われました（明治三陸地震津波、第三章5参照）。直後の八月二三日から秋田県で地震が多くなり、八月三一日午後五時六分には、横手盆地東縁《よこてぼんちとうえん》断層帯が活動して陸羽《りくう》地震（M7・2）が起こりました。この断層帯の東（山地）側が、南北三〇キロにわたって最大三・五メートル隆起し、一三キロ東に位置する西和賀町《にしわが》の川舟断層《かわふね》も同時に活動して断層の西側が最大二メートル上昇しています。

これらの地震から二〇年余り後、相模トラフから発生した一九二三年九月一日の大正関東地震（M7・9）は、死者・行方不明者一〇万数千人という大惨事（関東大震災）となりました（第三章6参照）。

一九二五（大正一四）年五月二三日午前一一時九分に兵庫県北部で北但馬《きたたじま》地震（M6・8）、一九二七（昭和二）年三月七日午後六時二七分には京都府北部の丹後半島で北丹後《きたたんご》地震（M7・3）が発生しました。

北丹後地震では、北北西―南南東にのびる郷村《ごうむら》断層に沿って、左横ずれ方向に最大二・七メートル、西上がりに最大八〇センチの変位が生じています。郷村断層の南端に直交する山田《やまだ》断層も、右横ずれ方向に最大八〇センチ変位し、北上がりに最大七〇センチ変位しています。この地震も夕食準備の時間帯だったので、峰山《みねやま》町では、ほとんどの家が燃えて一五〇〇人近くが犠牲になりました。

北丹後地震から七日後の三月一四日に、東京渡辺銀行が手形の支払いを停止しました。

すぐに資金を調達できる状態でしたが、大蔵大臣の片岡直温《なおはる》が「東京渡辺銀行が破綻した」と議会で失言したため、東京の銀行には預金の引き出しを求める人たちが殺到しました。翌月には株式市場が暴落して、総合商社の鈴木商店や取引先の台湾銀行が窮地に陥り、四月二一日には全国の銀行に対して〝取りつけ〟の嵐が吹き荒れました。

この危機に、大蔵大臣として登場したのが七四歳の高橋是清《これきよ》です。彼は、二一日間の支払猶予令（モラトリアム）を出し、全国の銀行が休業している間に、表だけ印刷した大量の二〇〇円札を用意しました。この処置によって、支払い期限が近づく頃になると、国民は落ち着きを取り戻しました。この金融恐慌によって多くの銀行が閉鎖し、三井・三菱・住友・安田・第一銀行が突出した存在となり、五銀行傘下の大企業が市場を独占することになりました。

一九三〇（昭和五）年一〇月二四日（暗黒の木曜日）のニューヨーク株式市場の大暴落が日本経済に波及して、「昭和恐慌」を引き起こしました。生糸《きいと》価格や米価が一気に崩壊したことによって、一〇〇万人もの人たちが職を失って街角にあふれ、学校では「欠食児童」が目立つようになりました。

一九三〇年一一月七日から静岡県で地震が頻発し、二五日にM5・0の地震が起きました。さらに、二六日の午前四時二分には伊豆半島北部を北伊豆《きたいず》地震（M7・3）が襲いました。南北に長さ約三五キロの北伊豆断層帯が活動して、左横ずれ方向に最大三・五メートル、垂直方向に最大八七センチ変位しました。この断層は、平安時代の八四一年にも活動しています（第四章2参照）。

一九三一年九月に南満州鉄道の柳条湖《りゅうじょうこ》で鉄道が爆破され、攻撃をはじめた日本軍は、奉天《ほうてん》城などの沿線の拠点を占拠しました（柳条湖事件）。この事件から三日後の九月二一日午前一一時一九分、関東北部で西埼玉《にしさいたま》地震（M6・9）が発生しています。

翌年五月一五日の夕方、首相の犬養毅《いぬかいつよし》は、官邸に乱入した青年将校たちの凶弾を受け、夜中に息を引き取りました（五・一五事件）。これで政党政治が終わり、海軍長老の斎藤実《まこと》が内閣を組織し、九月には溥儀の「満州国」を承認しました。

一九三三（昭和八）年三月三日の昭和三陸地震津波は、死者・不明者の数は三〇〇〇人を超えました。

一九三六（昭和一一）年二月二一日の午前一〇時七分、大阪府と奈良県の境界で河内《かわち》大和《やまと》地震（M6・4）が発生しました。五日後の未明、降りしきる雪のなかを、東京の赤坂表町にあった高橋是清邸へ向かう集団がありました。彼らが去った後、八三歳の老人は鮮血に染まって横たわり、周囲は泥靴で踏み荒らされていました。この日、斎藤実《まこと》内相と渡辺錠太郎教育総監は即死、鈴木貫太郎《かんたろう》侍従長は重傷、岡田啓介《けいすけ》首相は義弟が身代わりになって九死に一生を得ています（二・二六事件）。

一九四〇年九月に日独伊三国同盟を結んだ日本は、物資の豊富な仏領印度（インドシナ）をめざし、フィリピン・蘭領東印度（インドネシア）へ進出する作戦を進めました。これに対抗したアメリカは、日本の中国・仏印からの撤退と三国同盟の否認を柱とした「ハル・ノート」を提示しています。

そして、一二月八日の未明、ハワイ諸島のオアフ島「真珠湾」を急襲した日本の航空艦隊は太平洋の島々を半年間で占領し、ボルネオ・スマトラの大油田も無傷のまま手に入れました。

体制を立て直したアメリカ艦隊は、翌年（一九四二年）の六月五日、ミッドウェー島の攻略に向かっていた日本艦隊を急襲して、太平洋の制空権を奪い返しました。その後、ソロモン群島のガダルカナル島で壮絶な戦闘がつづきましたが、食料・弾薬が途絶えた日本軍は一九四三（昭和一八）年二月に撤退しています。

一九四三年三月四日の午後七時一三分、鳥取市北部でM6・2の地震、午後七時三五分にM5・7、翌日（五日）の午前四時五〇分にM6・2と地震がつづき、鳥取市内では数軒が倒れました。

この年の五月、アリューシャン列島のアッツ島に上陸していた二千数百人の守備兵が全滅し、前線での敗北がはじめて国民に公表されました。九月一〇日の午後五時三六分、鳥取市周辺の大地が激しく揺れて、家々は土煙を巻き上げながら次々に倒れました。数分後には、倒壊した建物の下から炎が上がり、翌日の午前五時に鎮火するまで燃えつづけました。

死者一〇八三人、全壊家屋七四八五軒の鳥取地震（M7・2）は、鳥取市西方で東北東―西南西に平行して走る吉岡《よしおか》断層と鹿野《しかの》断層が活動して引き起こしました。吉岡断層は右横ずれ方向に最大九〇センチ、垂直方向（南上がり）に最大五〇センチ変位しています。鹿野断層も右横ずれ方向に最大一・五メートル変位しましたが、垂直方向の向きについては、東半分は北上がりで五〇センチ、西半分は南上がりに七五センチでした。

九月一三日の日本海新聞の一面には、ニューギニアのホポイ島の敵陣を爆撃したことが大きく報じられ、安藤内務大臣による震災地視察の記事が小さく掲載されています。二面では、鳥取地震の死者が六七二名、家屋が倒壊して路面は大蛇がうねるように変形し、ものすごい亀裂が生じたこと、食料や資材の確保で民心が安定し、消火活動などに日頃の訓練を生かしたなどが書かれています。

鳥取市教育福祉振興会と鳥取県教育文化財団が調査した秋里《あきさと》・古市《ふるいち》・山ヶ鼻《やまがはな》遺跡などでは、この地震による液状化跡が見つかっています。

一九四四（昭和一九）年七月にはサイパン島守備隊が全滅し、この島を基地とした日本全域への爆撃が可能になりました。この年の一一月二四日に東京がはじめて空襲を受け、一二月七日に南海トラフから東南海地震が発生しています。一二月一三日から名古屋にも爆弾が降り注ぎ、翌（一九四五）年の一月一三日に三河《みかわ》地震が起きました。

二月から硫黄《いおう》島攻防戦がはじまり、三月一〇日の東京大空襲で八万四〇〇〇人の命が奪われました。大阪も三月一三日以降の空襲で焦土と化しました。四月一日から連合国軍の沖縄本島上陸がはじまり、その後の戦闘によって、沖縄での犠牲者は日本側だけでも一八万人を越えました。

一方、五月八日にドイツが降伏して、七月二六日には、米英ソ三国による「ポツダム宣言」が発表された後、八月六日に広島、九日には長崎に原爆が投下され、八日にはソ連が宣戦布告して満州へ侵攻しました。八月一〇日の朝、ポツダム宣言受諾がアメリカへ打電され、八月一五日の玉音《ぎょくおん》放送によって、太平洋戦争がやっと終結を向かえました。

一九四六年四月の総選挙で吉田茂内閣が誕生し、一一月三日には「戦争の放棄」などを掲げた日本国憲法が公布されました。新憲法公布から一月余り経った、一九四六年一二月二一日に南海トラフから発生したのが昭和南海《しょうわなんかい》地震です（第三章6参照）。

一九四七年に入って占領政策に大きな曲がり角が訪れました。日本の非軍事化と民主化の道筋が定まり、一方では米ソの冷戦が深刻な状態になったからです。翌一九四八年には昭和電工による贈賄事件が発覚して社会党・民主党連立の芦田均《あしだひとし》内閣は総辞職し、吉田茂の長期政権がはじまり、同年六月二八日の一六時一三分に福井地震（M7・1）が発生しました。

福井市内の建物の九割が倒れて、二四〇〇戸が焼けました。映画館での出火が、多くの犠牲者を生みましたが、一方では、サマータイム制導入で時計の針が午後五時を回っていたという不運で、飲食店などからの出火が目立ちました。

この地震を引き起こした活断層は福井平野の東縁付近ですが、厚い沖積《ちゆうせき》層に覆われていたため、変位の位置が不明瞭でした。その後、精密測量の結果、東側が七〇センチ上昇して左横ずれ方向に最大二メートルずれ動いたことがわかりました。

九頭竜《くずりゆう》川北岸にあって多くの家屋が倒壊した森田町（現・福井市）では、液状化現象によって大量の噴砂が流れ出して、街全体が約六〇センチ沈降しました。福井平野の多くの遺跡で、この地震による液状化跡が見つかっています。

福井の市街地は一九四五年七月一九日の空襲で焼け野原と化したので、戦災からの復興の過程で地震に見舞われたことになります。その後、道路やライフラインが整備されて、新たな都市に生まれ変わりました。

福井地震の後、地震の少ない時代（静穏《せいおん》期）がつづきました。この時期の日本は高度成長の真っ盛りで、経済的にも著しい発展を遂げ、人々の暮らしが急速に豊かになりました。そして、一九九五年の阪神・淡路大震災から、再び、地震の多い時代（活動期）に足を踏み入れたのです。

終章

地震の過去・現在・未来

秀吉は「伏見の普請では地震対策が大切だ」と手紙に書いた。

1　地震とナマズと日本人

中国では、後漢時代の二世紀前半に地震が多かったようです。この時代は、外戚《がいせき》や宦官《かんがん》が実権を握って政治は腐敗しましたが、天文学・数学・医学などの分野で優秀な人材が輩出しています。太史令《たいしれい》（国立天文台長）を務めた張衡《ちようこう》もその一人です。

彼の名を科学史の一ページに刻んだのは、震源の方向を瞬時に判定する「候風地動儀《こうふうちどうぎ》」の発明です。西暦一三二年に作られたもので、実物は現存しませんが、『後漢書《ごかんじよ》』の張衡伝に詳しい説明があります。

地動儀の中央には、銅製で長径八尺（約一・八メートル）の円筒が立っています。周囲には、玉をくわえた八匹の龍が等しい間隔で設置されており、それぞれの下で、八匹のヒキガエルが口を開けています。円筒の中央にある柱が揺れた方向に傾くと、その方向にある龍が銅製の玉を落とします。これがカエルの口に入って、大きな音をたてる仕組みです。

一三八年には、洛陽《らくよう》に設置した地動儀が金属音を響かせました。しばらくして、カエルが玉をくわえた方向にある甘粛《かんしゆく》地方の隴西《ろうせい》から、地震を知らせる使者がやって来て、地動儀の正確さが証明されたのです。

日本では、菅原道真が八七〇年に方略試を受験した時に、都良香が「地震を明らかにせよ」という問題を出しました（第四章2参照）。この設問文では、地震について「地動儀が作動して、その下にあるヒキガエルの形をした受け皿が落ちてくる玉を銜《ふく》み、そのものの平常な状態を失って、鶏《にわとり》や雉《きじ》を驚かす」と説明しています。日本の学者たちも、『後漢書』を読んで、張衡の地震計のことを知っていたようです。

張衡が地動儀を発見した頃、日本では弥生時代の後期（V期）でした。福井県教育庁埋蔵文化財調査センターが発掘した福井市の林《はやし》・藤島《ふじしま》遺跡群泉田地区では、液状化現象によって地面を引き裂いて砂と小石が流れ出していました。そして、その末端で地面を少し掘り下げて、長さ三五センチの細長い石を垂直に立てていました。

激しい揺れとともに、地面にゴボゴボとわき出してきた大量の小石を見て仰天した当時の人たちが、近くを流れる九頭竜《くずりゅう》川から大きな石を運んできました。地下で暴れた砂や小石たちに対して、大きな石で威嚇《いかく》したのでしょう。

さらに三〇〇年余り前の弥生時代Ⅲ期頃。香川県高松市教育委員会が調査した松林《まつばやし》遺跡でも、当時の地面から一メートル前後の深さに堆積していた砂礫《されき》層から、砂と小石が流れ出していました。そして、地面に生じた砂と小石の高まりには、当時の壺と甕《かめ》が一個ずつ、口を下にして置いてありました。

さらにさかのぼって約五〇〇〇年前の縄文時代前期頃、関東平野南部の相模湾に面した大磯《おおいそ》丘陵にある大井町《おおいまち》第一東海自動車道《だいいちとうかいじどうしゃどう》遺跡群のことです。神奈川県立埋蔵文化財センターの調査で縄文時代前期の住居址が見つかり、約一メートルの幅で地面が引き裂かれていました。そして、この地割れの上には、浅鉢型土器が二枚、表を下にした状態でかぶせてありました。

これらは皆、縄文時代や弥生時代の人々が、地震という不可解な現象に対して行った意思表示の痕跡です。

一方、張衡が生まれ育った河南省の南陽では、西暦四六年に大きな地震が起きました。後漢を統治していた光武帝《こうぶてい》は「不動の大地が震裂する責任は君主にある」として、被災者に税を免除して、圧死者に棺桶《かんおけ》の費用として三〇〇銭を支給するように命じています。地震が起きたのは施政者の責任という考えです。

日本でも、七三四年に畿内を襲った地震に対する聖武《しょうむ》天皇の詔勅《しょうちょく》に「地震の災難は政治に欠けたところがあったからだろう」とされています（『続日本紀』）。

また、八一八年に関東地方北部を襲った地震の翌月、桓武《かんむ》天皇が使者を送って、被害の状態を把握し、米などを支給し、税（租調《そちょう》）を免除し、家屋の修理を助けて、犠牲者を埋葬するように命じています。また、天皇自らの不徳が地震の原因だと考えて、災害を除去するため、東大寺で般若経《はんにゃきょう》を転読しています（『類聚国史』）。

八三〇年に出羽《でわ》国で地震が起きた時には淳和《じゅんな》天皇が、八五〇年に少し南の地域を地震が襲った時には文徳《もんとく》天皇が、前述の桓武天皇と同じような詔《みことのり》を出しています。そして、淳和・文徳天皇の地震の詔には、「班田《はんでん》農民と蝦夷《えみし》（狄民《いみん》）を差別しないように」という内容が加わっています。八世紀の終わり頃から、東北地方の蝦夷と朝廷との間で戦いがつづき、八一一年に終結したこともあって、朝廷の配慮がしめされたのでしょう。

次に、「何が地震を起こすのか」という問題です。三世紀頃にインドで書かれて日本へ伝わった仏教の注釈書『大智度論《だいちどろん》』では、火神動《かじんどう》・龍神動《りゅうじんどう》・金翅鳥動《こんじちょうどう》・天王《てんのう》（帝釈《たいしゃく》）動《どう》などに区分されており、天王動の場合だけは天下が安穏で、それ以外は、凶事をもたらすとされています。

平氏が滅亡した直後の一一八五（元暦二・文治元）年八月一三日に、琵琶湖西岸断層帯《びわこせいがんだんそうたい》の南部から大地震が発生しました。この時に京都が強く揺れ、「世間では、平相国《たいらのしょうこく》（清盛）が龍になって地震を起こしたという」（『愚管抄《ぐかんしょう》』）と書かれています。この頃までは、地震を起こす生き物の代表は「龍」だったようです。

ところが、現在の日本で暮らしている誰に訪ねても、地震を起こす生き物は「ナマズ」と答えます。地震とナマズを結びつけるのは日本人固有の文化なのです。いつ、誰が、このユニークな発想をしたのでしょうか？

そのルーツをたどると、意外なことに「太閤秀吉《たいこうひでよし》」が浮上します。

秀吉は、一五九二年から、京都盆地東縁《とうえん》の伏見《ふしみ》に隠居城を築いています。この頃は朝鮮に出兵していましたが、和平の動きがあったので、秀吉は、伏見の工事を中断して九州北部の名護屋《なごや》城に行きました。

隠居城のことが気がかりな彼は、文禄元年一二月一一日（一五九三年一月一三日）に手紙を書いて、京都にいた民部法印《みんぶほういん》（前田玄以《げんい》）宛に送りました。

伏見城の普請は地震に備えることが大切で、十分な対策を講じる必要があるから、建設中の伏見城の指図（図面）を携えて、事情のよくわかった大工を一人連れて、名護屋まで来なさいという内容です。

　秀吉直筆の書簡で、原文には「ふしミのふしん　なまつ大事にて候まま」と書かれていますが、「なまつ」はナマズのことで、地震を意味します。「伏見城の築城工事では地震に備えることが大切」という意味です。実は、これが「地震」の代名詞として「ナマズ」を用いた最古の史料なのです。

　この手紙の七年前、秀吉は、琵琶湖の南西岸にある坂本城に滞在していました。織田信長を殺害した明智光秀の居城ですが、光秀が敗退した直後に焼け落ちて、再建されました。そして、偶然、秀吉が城にいた一五八六年一月一八日に天正《てんしょう》地震（第四章4参照）が発生したのです。

　秀吉が坂本城で体験した震度は、気象庁の震度階級で5強程度と思いますが、肝をつぶして、一目散《いちもくさん》に大坂城に逃げ帰りました。天下を掌中《しょうちゅう》にして、得意の絶頂にあった秀吉ですが、地震に対しては、「ちっぽけな人間」にすぎなかったようです。

　秀吉と近臣たちは、偶然、琵琶湖で地震に遭遇しました。この湖では、古くから多くのナマズが生息しているので、地震でナマズが暴れるのを人々が目撃して、秀吉の耳にも伝わったのでしょうか？　あるいは、琵琶湖が揺れたことが、湖のシンボルであるナマズを連想させたのでしょうか？

いずれにしても、秀吉の手紙からわかるのは、彼らが「地震」のことを「ナマズ」と話していたことです。普段はおっとりしていて、暴れると怖そうなナマズは、地震のイメージにぴったりです。地震を予知するといわれる生き物は多いですが、地震の代名詞としてもっともふさわしいのは「ナマズ」です。

地震を意味するナマズは、一〇〇年近く経った一六七八年に、松尾芭蕉の俳句に登場します（第四章7参照）。さらに、一八五五年の安政江戸地震では、ナマズを主人公にした「鯰絵」がベストセラーとなって全国に広まりました。このようにして、日本人たちの間に、地震とナマズを結びつける文化が定着したのです。

江戸時代も終わりに近づいた一八二八年に、新潟県西部で「三条地震《さんじょう》」が発生しました。この時、和島村《わしま》（現・長岡市《ながおか》）で暮らしていた良寛《りょうかん》和尚は、家々が倒壊して、直後の火災で焼け野原となった三条まで足を運びました。「かにかくに　とまらぬものは涙なり人の見る目もしのぶばかりに」と詠み、この四〇年間、人倫の道を軽く見て、太平を頼んで人の心がゆるんだことが天災を招いたと戒めています。

翌年から、三味線を弾きながら歌う盲目の女性「瞽女《ごぜ》」によって「地震口説《くど》き」が語られました。加茂《かも》在住の斎藤真幸《まさち》が作成した「口説：地震身の上」には「どんとよりくる地震の騒ぎ、たばこ一服落さぬうちに、上は新潟長岡かけて、なかに三条　今町　見附つぶす跡から一時の煙、それにつづいて与板《よいた》や燕《つばめ》、さいの村々其の数しれず、つぶす家数はいく千万ぞ」と、地震による阿鼻叫喚《あびきょうかん》の状態や、お上の対策と地震後の惨めな生活が歌われています。そして、最後は、太平の世で豊かな暮らしに慣れた人々が、利欲にふけり奢をきわめたことが地震を招いたと締めくくっています。

一八四七年の善光寺地震では、本堂で念仏を唱えていた七八〇余人が無事だったことが、信仰心を駆り立てました。さまざまな美談や悲話が全国に伝えられる一方で、「死にたくば信濃にござれ善光寺うそじゃない物本多善光」など、信仰や自然現象を冷めた目で見る風潮も生まれています。寺で写経をしていた男性が、前夜に住職に隠れて魚の肉を食ったのが地震の原因かと悔やんだという記録もあり、なぜ地震が起きるのかということは、誰にとっても不可思議だったのでしょう。

開国と維新の嵐が吹き荒れた後、明治政府はジョン・ミルンやジェームス・アルフレッド・ユーイングを招いて近代地震学の基礎を作りました。また、一八九一年の濃尾《のうび》地震を契機として、文部省に「震災予防調査会」が設立されて、地震被害軽減の研究に取り組みましたが、この時から、過去に発生した地震の文字記録を収集する作業もはじまっています。

その後、一九二三年に関東大震災が起こりましたが、その時点でさえ、震災を堕落した人々に対する天罰と見る考えが、まだ支配的でした。

地震発生のメカニズムが合理的に説明できるようになったのは、一九六〇年代後半にプレートテクトニクス理論が定着した頃からです。活断層の研究も急速に進歩し、一九八〇年には日本全国の活断層の概要をしめした総合的な診断カルテ『日本の活断層』が東京大学出版会から刊行されました。

2 連動する巨大地震

東北地方太平洋沖の地震

今から、ちょうど四〇〇年前の一六一一年一二月二日（慶長一六年一〇月二八日）にも、東北地方の太平洋沖で大きな地震が発生しました。この二ヶ月前の会津地震の直後に、蒲生秀行に地震の理由を説明したのは、イスパニアの探検家セバスチャン・ビスカイノです（第四章6参照）。

ビスカイノは、仙台で伊達政宗と面会した後、太平洋沿岸を測量しながら北に向かって航海をつづけました。そして、一二月二日の金曜日には、越喜来《おきらい》（岩手県大船渡《おおふなと》市三陸《さんりく》町）の近くまでやってきました。しかし、この地に着く直前、住民たちは、男も女も皆、村を捨てて山に向かって逃げはじめたのです。他の村々では、ビスカイノたちを見ようとして海岸に多くの人が集まったのに、なぜか、今回は自分たちを恐れているようでした。

ビスカイノたちが、住民に向かって「待ちなさい」と叫んだ後、すべてが理解できました。海水が一ピカ（約四メートル）余りの高さになって押し寄せたのです。この直後、津波に襲われた村では、壊れた家々や藁《わら》が水面に漂いました。そして、海水が三回、進退をくり返す間に、多くの人が溺死して財産を失いました。この津波で、ビスカイノの船は助

写真1　越喜来の津波被害
1611年にはビスカイノが、この地の沖で津波に遭遇した。

かりましたが、一緒にいた伊達藩の二隻の船は沈没しています（写真1）。

津波がおさまってから、ビスカイノたちは上陸して、無事だった家で手厚いもてなしを受けました。そして、翌日は、高い位置にあったため津波の被害を免れた根白《こんぱく》（大船渡市三陸町吉浜《よしはま》）ですごしました（『金銀島探検報告』）。

この地震も、太平洋プレートと北米プレートの境界から発生したM8クラスの巨大地震です。その後、一六四六年六月九日（正保三年四月二六日辰刻）に内陸地震があり、仙台城や白石城の石垣が崩れています。

さらに一六七七年四月一三日（延宝《えんぽう》五年三月一二日戌刻）、青森県の八戸《はちのへ》で強い地震を感じ、一時間後に三陸海岸に押し寄せた津波によって約七〇軒が流されました。この年の一一月四日（一〇月九日夜五ツ）には、磐城《いわき》（福島県）から房総半島を津波が襲い、四《よつ》倉《くら》・江名《えな》・小名浜《おなはま》（現・いわき市）で数百軒の家が流されました。さらに、一六八三年の日光《にっこう》地震（第四章5参照）で戸板《といた》山が崩壊して、五十里《いかり》宿が水没したのです。

近代以降は、一八九六年や一九三三年の三陸地震津波、一九六〇年にはチリ地震にともなう津波が、東北・関東地域の太平洋沿岸を襲いました。そして、今年の三月一一日、これらを上回る巨大な津波を伴うM９・０の巨大地震に見舞われました。さかのぼって考えると、これに匹敵する規模を持つのは、八六九年の貞観《じょうがん》地震でした。

最近では、松本秀明さん（東北大）が仙台市内の沓形《くつがた》遺跡で見つかった津波堆積物を調査して、今から二〇〇〇年余り前の弥生時代中頃にも、今回の地震に匹敵するような巨大な津波が存在したことを報告しています。

また、東北地方太平洋沖地震の震源域の北に続く千島海溝のプレート境界でも、大きな地震がくり返し発生しています。たとえば、十勝沖では一八四三（天保一四）年四月二五日と一九五二年三月四日（十勝沖地震：M８・２）、根室沖では一八九四（明治二七）年三月二二日と一九七三年六月一七日（根室半島沖地震：M7・4）に地震が起きています。また、津波堆積物の調査から、一七世紀に巨大な津波を伴う地震が発生したことが考えられています。

関東以西の巨大地震

関東地方以西でフィリピン海プレートの影響下にある地域の地震を考えてみましょう。南海トラフから発生する地震の歴史（第三章2参照）で、最近の三〇〇年間をしめしたのが図終1です。さらに、伊豆半島を隔てて東側につづく相模トラフや、関東南部の大地震との関係もまとめました。

一七〇三年には、相模トラフのプレート境界から元禄関東地震（M8・2程度）、さらに、四年後の一七〇七年に、南海トラフ全体から宝永地震（M8・6程度）が発生しています。そして、宝永地震の四九日後に富士山の宝永火口から噴煙が昇りました。

幕末の一八五四年には、安政東海地震と翌日の安政南海地震が発生しました。紀伊半島南端沖を境にして、南海トラフの東半分と西半分からの巨大地震（それぞれM8・4程度）です。翌年には、江戸直下の地下深部で複雑に絡みあっているプレートの内部から安政江戸地震が発生して、一万人近くが犠牲になりました。

一九二三年に相模トラフから発生した大正関東地震（M7・9）では、強い風に煽《あお》られた猛火が首都圏一帯を包みました（関東大震災）。二〇年余り後、南海トラフの紀伊半島南端沖からはじまった岩盤の破壊が東に進んで東南海地震、二年後には破壊が西に進んで昭和南海地震を引き起こしました。ともに、地震規模は小さくて、前者はM7・9、後者もM8・0でした。

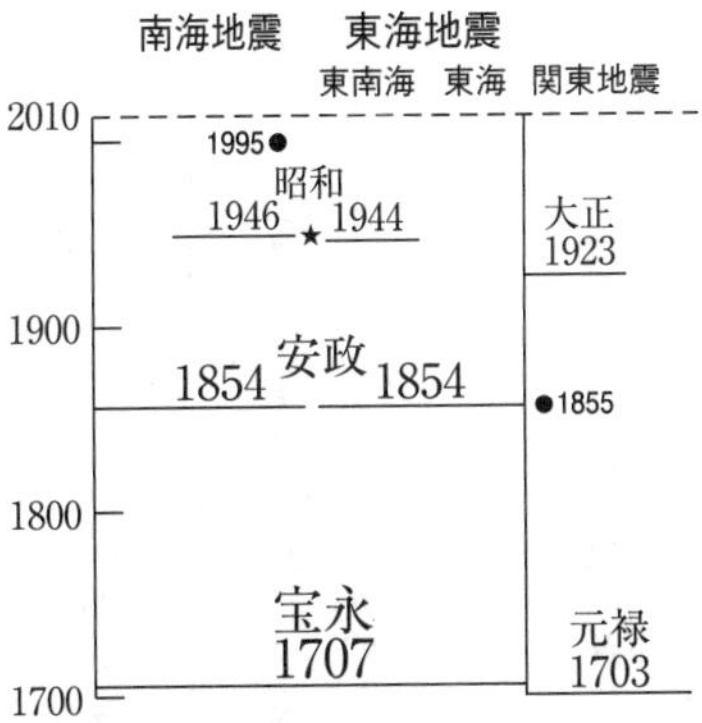

図終1　最近300年間に発生したプレート境界の巨大地震（『秀吉を襲った大地震』平凡社新書に加筆）
縦軸は時間軸、横軸は南海トラフと相模トラフに沿う位置関係で、横実線の長さはトラフ内で破壊された範囲の大きさを示しており、星印は破壊が始まった地点を表現している。黒丸印は兵庫県南部地震、1855年は安政江戸地震、それ以外はプレート境界から発生した地震で、発生年を示す数字と年号の大きさは地震の規模に対応している。

このように、南海トラフでは、九〇年から一五〇年の間隔で巨大地震がくり返されています。そして、トラフの西半分と東半分に分かれて地震が起きた場合、片側の地震規模が大きい（小さい）と、もう一方も大きく（小さく）なっています。そして、南海トラフの巨大地震によって大きなエネルギーが放出される前後に、首都圏に影響をおよぼすような地震が起きています。

一七〇三年と一九二三年の発生したプレート境界の巨大地震には、元禄型関東地震と大正型関東地震があり、規模の大きい元禄型は千数百年から二千数百年余りの間隔、それ以外は大正型と考えられています。どちらかが地震を起こす間隔は、四〇〇年以内のようです。

プレート境界の巨大地震の発生が近づくと、海のプレートに押されている陸側のプレートで地震が起きやすくなるといわれています。西日本に関しては、一九九五年の阪神・淡路大震災以降が、この時期（活動期）にあたります。また、一九四四年と一九四六年の地震規模が小さかったことから、次の南海トラフの地震は、少し早めにやってくるとも考えられています。活動期という概念も考慮すると、二一世紀中頃までに起きるように思います。

その場合、一七〇七年のように南海トラフ全体から地震が起きるか、あるいは、一八五四年のように、東海地震と南海地震が連続して起きる可能性が高いと思います。

一方では、南海トラフの南西に続く琉球海溝でも、一七七一（明和八）年四月二四日の地震で、沖縄県の八重山諸島に巨大な津波が押し寄せて、死者・不明者一万二〇〇〇人におよぶ被害が生じています。

3　歴史に学ぶ

西日本においては、南海トラフの巨大地震が、ある程度、決まった間隔でくり返されています。そして、今年は東北地方の太平洋側海底で巨大な地震が発生しました。同じように南海トラフの地震が近づいている時期に、日本海溝のプレート境界から発生したのが、貞観地震です。この地震を含む時代（九世紀）について、当時を簡単に振り返って見ましょう。

八世紀後半の東北地方では、中央政権に対して蝦夷《えみし》が反乱を起こし、七八〇年には多賀城が炎上しています。その後、桓武天皇は坂上《さかのうえの》田村麻呂《たむらまろ》を派遣して、九世紀初頭には戦乱が終結しました。

七九四年の平安遷都後、嵯峨《さが》天皇のもとで政界は安定しますが、八二九年の暮れから東北地方では疫病が猛威をふるい、八三〇年に出羽国北部が大地震に見舞われました。家族全員が病に倒れ、看病する者もなく、次々に命を落とすという惨状に地震が追い打ちをかけたのです。その後、八四一年に伊豆半島と信濃国で大地震が連続して、八五〇年には再び、出羽国を地震が襲います。

八六二年冬からは全国的に疫病（流行性感冒など）が流行しましたが、橘逸勢《たちばなのはやなり》・藤原仲成《なかなり》など非業の死を遂げた六人の祟《たた》りと考えられて、翌年には平安宮の南にある神泉苑《しせんえん》で御霊会《ごりようえ》が開かれました。しかし、この甲斐なく、一ヶ月後の八六三年には現在の新潟・富山両県を地震が襲い、八六八年の播磨《はりま》国の地震で京都も揺れ、翌年には貞観地震が発生したのです。度重なる不幸な出来事を取り除くために、貞観地震の直後に京都ではじまった御霊会は、国々の数に相当する六六本の矛《ほこ》で諸国の穢《けが》れを祓《はら》ったもので、「祇園祭《ぎおんまつり》」の起源となりました。

八七八年には、東北地方が再び戦乱（元慶《がんぎよう》の乱）に巻きこまれ、この年の秋に関東南部を地震が襲いました。そして、菅原道真が四国の讃岐国司《さぬきこくし》に赴任した翌年（八八七年）に起きたのが仁和《にんな》南海地震で、東海地震もほぼ同時に発生しています。

この地震が発生した直後に宇多《うだ》天皇が即位しましたが、天皇の厚い信頼のもとで菅原道真が政治の中枢に座り、八九二年からは、『日本三代実録』の編集に携わるなど、めざましい活躍をつづけ、遣唐使の廃止も断行しました。

九〇一年、道真は大宰権帥《だざいのごんのそち》に左遷されました。宇多上皇の厚い信任、学者にはまれな大臣の地位、一〇〇人に余る弟子たちの存在が、藤原時平《ときひら》をはじめとする藤原一族にとって大きな脅威となったからです。

八八七年以降は地震も少なくなりましたが、九三五年には承平《じょうへい》・天慶《てんぎょう》の乱が勃発して武士が台頭し、一方では、藤原氏が栄華をきわめるなかで中央政権は弱体化しました。

貞観地震が発生した当時、南海トラフでは六八四年の白鳳南海地震（東海地震）から一八四年が経過していました。また、白鳳の地震は地震規模が大きく、一七〇七年の宝永地震のように南海トラフ全体から発生した巨大地震の可能性もあります。その後、貞観地震から一八年後に、発生した仁和南海（東海）地震も同時発生か連動で、規模が大きかったと考えられています。

現在、一九四四年と一九四六年の南海トラフの地震から六五〜六七年が経過しています。

そして、一つ前の南海トラフの地震は六八四年や八八七年に比べてかなり小さな規模でした。

このように、状況はかなり違いますが、貞観地震前後の地震活動には現在との共通点も多く、貴重な教訓が得られる時代だと思います。

地震活動が活発であった九世紀ですが、これによって日本が崩壊してしまったわけではありません。私たちの祖先は、多くの地震を体験しながら、これを乗り越えながら現在の文化を築きあげました。

過去の地震を詳しく知り、当時の人々にどのような影響を与えたかを知っておくことが、将来の地震に対処する上で大切だと思います。

おわりに

三月一一日に発生して、多くの尊い命を奪った「東日本大震災」。私たちが、地殻変動によってつくられた島国に住んでいることを改めて実感させられました。

日本の歴史を見通すと、いつの時代にも、各地で大きな地震が起きています。私たちの祖先は、地震によって命を奪われ、財産を失い、日々の生活を破壊されながらも、それを克服して、今日の文化を築きあげてきたのです。

地震の研究がはじまってから、まだ日が浅く、解明されたことがらも、決して多くはありません。地震予知に関する研究も少しずつ進展し、緊急地震速報なども普及しつつありますが、現段階では、これから起きる地震を正確に言い当てることは難しいようです。そして、この地震列島で暮らす私たちが、最も優先して取り組まなければならないテーマは、地震に襲われた場合に、被害をできるだけ軽くする「減災」だと思います。

地震による被害は、私たち、それぞれが生活している場所の地形や地質によって異なります。太平洋沿岸などの地域では大津波、埋め立て地や軟弱地盤地域では液状化現象、丘陵を造成した住宅地では地滑りの被害など、ポイントがあります。その他、建物の形態や耐震性、さらに、地震を引き起こす源となるプレート境界や活断層からの位置が密接に関係してきます。

このような視点に立って、その場所で過去にどのような地震が起きてどのような被害が発生したか。さらには、当時の人たちが、どのようにして地震の被害と立ち向かってきたかを歴史から学び、私たちの共有の知識として、将来の地震に備えることが大切と思います。

本書は、中・高校生や一般市民の皆さんを対象にしています。全体を通じて、できるだけ平易な文章表現を心がけており、古記録・古文書などについては、原文のままで引用することは避けて、内容に沿って平易に書き直しました。

この他、少し専門的になりますが、日本の地震を総覧した『地震の日本史　増補版』（中公新書）や、秀吉の時代に焦点を当てた『秀吉を襲った大地震』（平凡社新書）などを参照していただければありがたいです。

年号は和暦と西暦（グレゴリオ暦）を用いて表現しましたが、状況に応じていずれか、あるいは両方を用いいました。

地震の文字記録については、それぞれの史料を活字化した書籍から引用しています。また、地震史料を年代順に収集した文部省震災予防評議会編『増訂大日本地震史料』、東京大学地震研究所編『新収日本地震史料』からも引用しています。個々の地震については、宇佐美龍夫著『最新版日本被害地震総覧』などから基本的な知識を得ています。

巻末に主な参考文献を示していますが、その他、県史・市史を中心にして多数の著書を参照いたしました。また、考古学の遺跡発掘調査現場での観察とともに、各自治体の教育委員会・埋蔵文化財センター発行の発掘調査報告書から多くの情報を得ています。

掲載した写真は基本的に著者が撮影していますが、提供していただいた写真には所蔵団体名を記しました。

本書の内容に関しては、独立行政法人産業技術総合研究所地質調査総合センターの皆さま、遺跡で発掘調査を担当している皆さまをはじめ、多くの方々から貴重なご教示をいただきました。

編集を担当していただいた新書編集部の福田祐介さんには、全体の構成から文章表現にいたるまで、終始、適切なアドバイスをいただきました。
お世話になった皆さまに、心より感謝いたします。

二〇一一年一〇月

寒川 旭

主な参考文献

会津史学会編『会津の街道』歴史春秋出版、一九八五年
朝日新聞社編『阪神・淡路大震災誌』一九九六年
安藤雅孝・田所敬一・林 能成・木村玲欧『いま活断層が危ない』中日新聞社、二〇〇六年
飯田汲事『天正大地震誌』名古屋大学出版会、一九八七年
石橋克彦『大地動乱の時代』岩波新書、一九九四年
伊藤和明『地震と噴火の日本史』岩波新書、二〇〇二年
伊藤和明『日本の地震災害』岩波新書、二〇〇五年
村上直次郎訳注『ビスカイノ金銀島探検報告』駿南社、一九二九年
植村善博『京都の地震環境』ナカニシヤ出版、一九九九年
宇佐美龍夫『大地震』そしえて文庫、一九七八年
宇佐美龍夫『東京地震地図』新潮選書、一九八三年
宇佐美龍夫『最新版 日本被害地震総覧［四一六］―二〇〇一』東京大学出版会、二〇〇三年
江戸遺跡研究会編『災害と江戸時代』吉川弘文館、二〇〇九年
榎原雅治『中世の東海道をゆく』中公新書、二〇〇八年

尾池和夫『活動期に入った地震列島』岩波書店、一九九五年
大木聖子・纐纈一起『超巨大地震に迫る』NHK出版新書、二〇一一年
太田陽子・島崎邦彦編『古地震を探る』古今書院、一九九五年
岡田篤正・東郷正美編『近畿の活断層』東京大学出版会、二〇〇〇年
岡野健之助『四国の地震』土佐出版社、一九八八年
貝塚爽平編『世界の地形』東京大学出版会、一九九七年
海南町役場『南海地震津波の記録　宿命の浅川港』、一九八六年
梶山彦太郎・市原実『大阪平野のおいたち』青木書店、一九八六年
活断層研究会編『日本の活断層　分布図と資料』東京大学出版会、一九八〇年
活断層研究会編『新編日本の活断層　分布図と資料』東京大学出版会、一九九一年
神奈川県『神奈川県震災誌』、一九二七年
釜井俊孝・守随治雄『斜面防災都市』理工図書、二〇〇二年
川路聖謨著・藤井貞文・川田貞夫校注『長崎日記・下田日記』平凡社、一九六八年
河田恵昭『都市大災害』近未来社、一九九五年
河田恵昭『これからの防災・減災がわかる本』岩波書店、二〇〇八年
河田恵昭『津波災害』岩波書店、二〇一〇年
川田貞夫『川路聖謨』吉川弘文館、一九九七年
北島万次『加藤清正』吉川弘文館、二〇〇七年

北原糸子『地震の社会史』講談社学術文庫、二〇〇〇年
北原糸子編『日本災害史』吉川弘文館、二〇〇六年
北原糸子『関東大震災の社会史』朝日選書、二〇一一年
木俣文昭・林能成・木村玲欧『三河地震六〇年目の真実』中日新聞社　二〇〇五年
京都大学防災研究所編『巨大地震の予知と防災』創元社、一九九六年
黒板勝美編『国史大系六　類従国史 後編』吉川弘文館、一九三四年
黒板勝美・国史大系編集会編『国史大系四　日本三代実録』一九六六年
黒田日出男『龍の棲む日本』岩波新書、二〇〇三年
建設省国土地理院編『二万五千分の一　都市圏活断層図』シリーズ、一九九六年〜
小池義人監修・三浦真厳編『摂津国八部郡福祥寺古記録　須磨寺「當山歴代」』校倉書房、一九八九年
小泉八雲（平井呈一訳）『仏の畑の落穂他』恒文社、一九七五年
小長井一男『地盤と構造物の地震工学』東京大学出版会、二〇〇二年
坂本太郎『菅原道真』吉川弘文館、一九五六年
坂本太郎『六国史』吉川弘文館、一九七八年
坂本太郎・家永三郎・井上光貞・大野晋『日本古典文学大系68　日本書紀 下』一九六五年
佐々克明『帰雲城大崩壊』書苑、一九八五年
寒川旭『地震考古学』中公新書、一九九二年
寒川旭『揺れる大地』同朋舎出版、一九九七年

寒川旭『地震』大巧社、二〇〇一年
寒川旭『秀吉を襲った大地震』平凡社新書、二〇一〇年
寒川旭『地震の日本史増補版』中公新書、二〇一一年
産業技術総合研究所編『きちんとわかる巨大地震』白日社、二〇〇六年
宍倉正展『次の巨大地震はどこか！』ミヤオビパブリッシング、二〇一一年
杉村　新『大地の動きをさぐる』岩波書店、一九七三年
鈴木康宏『活断層大地震に備える』ちくま新書、二〇〇一年
千田嘉博監修・木舟城シンポジウム実行委員会編『戦国の終焉』六一書房、二〇〇四年
総理府地震調査研究推進本部地震調査委員会編『日本の地震活動』一九九九年
多賀城市史編纂委員会編『多賀城市史第一巻　原始・古代・中世』一九九一年
多賀城市史編纂委員会編『多賀城市史第四巻　考古史料』一九九七年
武村雅之『関東大震災』鹿島出版会、二〇〇三年
武村雅之『地震と防災』中公新書、二〇〇八年
但野正弘『藤田東湖の生涯』水戸史学会、一九九七年
田中琢・佐原真編『発掘を科学する』岩波新書、一九九四年
田中善信『芭蕉　二つの顔』講談社選書メチエ、一九九八年
田辺市新庄公民館『復刻　昭和の津波』一九九九年
田端泰子『山内一豊と千代』岩波新書、二〇〇五年

中央防災会議「災害教訓の継承に関する専門調査会」編『災害史に学ぶ』二〇一一年
土井憲治監修『地震のすべてがわかる本』成美堂出版、二〇〇五年
東京大学地震研究所編『新収日本地震史料　全五巻・別巻・補遺』一九八一〜一九九四年
東京帝国大学史料編纂所編『豊太閤真蹟集』一九三八年
東京都『東京百年史　第四巻』一九七二年
土木学会関西支部編『地盤の科学』講談社ブルーバックス、一九九五年
内藤昌編『ビジュアル版　城の日本史』角川書店、一九九五年
内務省社会局『大正震災志』一九二六年
直木孝次郎他訳注『続日本紀1・2』平凡社、一九八八年
中田高・岡田篤正『野島断層（写真と解説）』東京大学出版会、一九九九年
中村一明・松田時彦・守屋以智雄『火山と地震の国』岩波書店、一九八七年
中村璋八・大塚雅司『都氏文集全釋』汲古書院、一九八八年
中村隆英『昭和史Ⅰ・Ⅱ』東洋経済新報社、一九九三年
名古屋市教育委員会編『名古屋叢書続編　第十一巻　鸚鵡籠中記（三）』一九六八年
名古屋大学災害対策室編著『東海地震がわかる本』東京新聞出版局、二〇〇三年
日本地震学会地震予知検討委員会編『地震予知の科学』東京大学出版会、二〇〇七年
野口武彦『安政江戸地震』ちくま新書、一九九七年
萩原尊禮編著・山本武夫・太田陽子・大長昭雄・松田時彦『古地震探究』東京大学出版会、一九九五年

林春男『命を守る地震防災学』岩波書店、二〇〇三年
戸田村文化財専門委員会編『ヘダ号の建造』戸田村教育委員会、一九七九年
埋文関係救援連絡会議・埋蔵文化財研究会編『発掘された地震痕跡』一九九六年
町田洋・松田時彦・海津正倫・小泉武栄編『日本の地形5　中部』東京大学出版会、二〇〇六年
松田時彦『活断層』岩波新書、一九九五年
松本健一『日本の近代一　開国・維新』中央公論社、一九九八年
武者金吉『地震なまず』明石書店、一九九五年
村松郁栄・松田時彦・岡田篤正『濃尾地震と根尾谷断層帯』古今書院、二〇〇二年
森浩一編著『京都学ことはじめ』編集グループ（SURE）、二〇〇四年
森博達『日本書記の謎を解く』中公新書、一九九九年
森善男『プチャーチンと下田』下田観光協会・下田史談会、一九七七年
森田克行『よみがえる大王墓』新泉社、二〇一一年
文部省震災予防評議会編『増訂　大日本地震史料』全三巻、一九四一～一九四三年
安水稔和『菅江真澄と旅する』平凡社新書　二〇一一年
矢田俊文『中世の巨大地震』吉川弘文館、二〇〇九年
山下文男『君子未然に防ぐ』東北大学出版会、二〇〇二年
山下文男『津波てんでんこ』新日本出版社、二〇〇八年
山中浩明編著『地震の揺れを科学する』東京大学出版会、二〇〇六年

山本健吉『奥の細道』講談社、一九八九年
山本健吉・渡辺信夫『図説 おくのほそ道』河出書房新社、一九八九年
ルイス・フロイス『日本史』全一二巻、松田毅一・川崎桃太訳、中央公論社、一九七七～一九八〇年
渡部淳『検証・山内一豊伝説』講談社現代新書、二〇〇五年
渡辺一郎監修・小島貞二編『雷電日記』ベースボールマガジン社、一九九九年
渡辺満久・鈴木康弘『活断層地形判読』古今書院、一九九九年
和田春樹『開国 日露国境交渉』NHKブックス、一九九一年

日本列島を襲った主な大地震（本書で取り上げたものを中心に）

西暦（グレゴリオ暦）	地震名／場所　マグニチュード	事項
416年8月23日		『日本書紀』に「地震」とあるが、詳細不明
679年1月	筑紫地震	『日本書紀』の記述を考古学の遺跡発掘調査で確認
684年11月29日	白鳳南海地震（東海地震）	畿内・四国が激しく揺れる。太平洋沿岸に津波。『日本書紀』
701年5月12日	丹波国（丹後国とも）	京都府北部の遺跡に八世紀の地震痕跡。『続日本紀』
715年7月4日	遠江	馬込川がせき止められて決壊。『続日本紀』
715年7月5日	三河	正倉四七棟や多くの民家が倒壊。『続日本紀』
734年5月18日	畿内	家屋が倒れて多くの人が圧死、山崩れや地割れが発生。『続日本紀』
745年6月5日	岐阜県南部・三重県北部	養老―桑名―四日市断層帯の活動。『続日本紀』
762年6月9日	美濃・飛驒・信濃	被害にあった家には、穀二石が与えられた。『続日本紀』
818年	関東北部	群馬県と埼玉県の遺跡で地震跡が見つかる。『類聚国史』
830年2月3日	出羽国北部	出羽国では、前年より疫病が流行。地震が追い打ち。『類聚国史』
841年	信濃	これと762年は糸魚川―静岡構造線断層帯か。『続日本後紀』
841年	伊豆半島	北伊豆断層帯の活動。『続日本後紀』
850年	出羽国南部	最上川が崩壊して流域地域に水害。『日本三代実録』

日本列島を襲った主な大地震

863年7月10日	新潟・富山	長岡市の遺跡でこの地震の地割れ跡。『日本三代実録』
864～866年	富士山・貞観大噴火	溶岩が流れ出して精進湖、西湖、青木ヶ原樹海などができた。
868年8月3日	播磨地震	山崎断層帯の活動。『日本三代実録』
869年7月13日	貞観地震	多賀城に被害。津波が数キロ遡上し約千人が溺死。『日本三代実録』
878年11月1日	相模・武蔵	伊勢原断層帯の活動、または古代の関東地震。『日本三代実録』
880年11月23日	出雲	余震は八日たっても収まらなかった。『日本三代実録』
887年8月26日	仁和南海地震(東海地震)	京都の建物が倒れ、広範囲に津波が押し寄せた。『日本三代実録』
915年	十和田火山が噴火	火山灰が広い範囲に降り積もった。
976年7月22日	京都・近江	京都の寺院や近江国庁が倒壊した。『扶桑略記』
1096年12月17日	永長東海地震	畿内が揺れ、駿府から伊勢に津波。『中右記』
1099年2月22日	康和南海地震	高知平野の一部が沈降。『勘仲記』の紙背文書
1185年8月13日	琵琶湖南部	堅田断層などが活動し、余震が三ヶ月つづいた。『方丈記』
1257年10月9日	鎌倉周辺	神社仏閣や民家が倒れ、液状化現象が生じた。『吾妻鏡』
1293年5月27日	鎌倉周辺	建長寺は倒壊炎上して由比ヶ浜に多くの死体。『親玄僧正日記』
1325年12月5日	琵琶湖北東部	柳ヶ瀬断層が活動し、竹生島の一部が崩落。『続史愚抄』
1361年8月3日	正平南海地震	天王寺などで被害。徳島の由岐に碑が残る。『斑鳩嘉元記』
1498年9月20日	明応東海地震	伊勢・三河・駿河・伊豆で大津波。『後法興院記』
1586年1月18日	天正地震	中部・近畿東部を襲い、多くの戦国武将が被災。『飛驒鑑』

1596年9月1日	別府湾の地震	海底の断層が活動して津波が押し寄せた。『柴山勘兵衛記』
1596年9月5日	伏見地震	伏見城が倒れ、京阪神・淡路地域が大被害。『言経卿記』
1605年2月3日	慶長地震	揺れが小さく津波だけが押し寄せる「津波地震」。『谷陵記』
1611年9月27日	会津地震	川底が上昇してせき止め湖ができる。『家世実記』
1611年12月2日	三陸沖地震	越喜来を津波が襲った。『金銀島探検報告』
1646年6月9日	内陸地震	仙台城や白石城の石垣が崩れる。『伊達治家記録』
1659年4月21日	下野街道の北部	田島宿、塩原の元湯温泉が被害にあう。『家世実記』
1662年6月16日	近江・若狭地震	山崩れで、町居村・榎村の住民が埋まる。『かなめいし』
1662年10月31日	外所地震(日向)	宮崎平野の広い範囲が水没。『日向纂記』
1666年2月1日	越後・高田の地震	犠牲者は千数百人、地震後に越後騒動が発生。『殿中日記』
1677年4月13日	青森県東方沖	八戸で震害、津波が三陸海岸に押し寄せた。『延宝日記』
1677年11月4日	磐城から房総半島沖	四倉・江名・小名浜で数百軒の家が流された。『玉露叢』
1683年10月20日	日光地震	五十里宿が水没、せき止め湖の決壊で大洪水。『新古郷案内記』
1694年6月19日	能代平野	能代断層帯の東側が上昇。『御日記』
1703年12月31日	元禄関東地震 8・2程度	相模トラフから発生。房総半島南端が隆起。『祐之地震道記』
1704年5月27日	秋田県北西部	海岸が二メートル近く隆起。野代は七五八軒が焼失。『御日記』
1707年10月28日	宝永地震 8・6程度	南海トラフ全域から東海・南海地震が同時に発生。『鸚鵡籠中記』
1766年3月8日	津軽	津軽半島全体が揺れ、低地で液状化の被害。『平山日記』

日本列島を襲った主な大地震

1771年4月24日	沖縄		八重山諸島に巨大な津波。死者・不明者一万二千人
1792年5月21日	普賢岳の前山が大崩壊		肥後の沿岸には大津波。「島原大変肥後迷惑」。『寛政大変記』
1799年6月29日	金沢地震		金沢城下町で大きな被害。『政隣記』
1804年7月10日	象潟地震	7.1程度	象潟の島々が隆起して丘の群れとなった。『金浦年代記』
1810年9月25日	男鹿半島で地震		菅江真澄が日記に記す。八郎潟西岸が一メートル前後隆起
1828年12月18日	三条地震（越後）		三条・燕・見附・長岡などで災禍。顕著な液状化現象が発生
1834年2月9日	石狩		地面が割れて泥が噴き出た。多くの遺跡で液状化跡。『天保雑記』
1843年4月25日	十勝沖地震		国後から釧路中心に強い揺れと大津波。『松前家記』
1847年5月8日	善光寺地震	7.4程度	善光寺周辺は焼失し、せき止め湖が決壊。『むしくら日記』
1854年7月9日	伊賀上野地震		木津川断層帯が活動して、上野盆地・奈良・四日市が被害
1854年12月23日	安政東海地震	8.4程度	下田港に停泊していたディアナ号が津波の被害。『下田日記』
1854年12月24日	安政南海地震	8.4程度	「稲むらの火」の舞台。大坂市街が津波で水没した
1855年11月11日	安政江戸地震		軟弱地盤に被害が集中。下町を中心に犠牲者一万人近く
1858年4月9日	飛越地震		跡津川断層の活動による。せき止め湖の決壊で大洪水
1872年3月14日	浜田地震	7.1	浜田から太田までの海岸沿いで家屋が倒壊し、火災が発生
1891年10月28日	濃尾地震	8.0	内陸地震としては最大規模。「岐阜は消えてしまった」といわれた
1894年6月20日	東京湾深部	7.0	震源が深くて被害は軽微
1894年10月22日	庄内地震	7.0	最上川・赤川流域の地盤の軟弱な低地で被害。酒田は半分が焼失

1896年6月15日	明治三陸地震津波	8.5	岩手県を中心に一万戸近い家屋が流失し、犠牲者は二万二千人
1896年8月31日	陸羽地震	7.2	横手盆地東縁断層帯と川舟断層が活動
1923年9月1日	大正関東地震	7.9	地震後に大火災が発生して、死者・不明者十万数千人
1925年5月23日	北但馬地震	6.8	四百数十人が犠牲、城崎温泉では七百軒の集落の多くが倒れた
1927年3月7日	北丹後地震	7.3	郷村断層と山田断層が活動。峰山町ではほとんどの家が燃えた
1930年11月26日	北伊豆地震	7.3	丹那トンネルが左横ずれ。北伊豆断層帯は八四一年にも活動
1931年9月21日	西埼玉地震	6.9	深谷市から鴻巣市にかけて北西—南東の地域で被害
1933年3月3日	昭和三陸地震津波	8.1	死者・不明者数は三千人超。以後、巨大防波堤を築く
1936年2月21日	河内大和地震	6.4	大阪府と奈良県の境界で発生。死者は九人
1943年9月10日	鳥取地震	7.2	吉岡断層と鹿野断層が活動。低地は液状化現象の被害
1944年12月7日	東南海地震	7.9	紀伊半島南端沖から駿河湾西方までのプレート境界で発生
1945年1月13日	三河地震	6.8	横須賀・深溝の二つの断層が活動。断層周辺に被害が集中した
1946年12月21日	昭和南海地震	8.0	新宮市で火災、徳島県の浅川や和歌山県の田辺などで津波の被害
1948年6月28日	福井地震	7.1	出火で被害が広がる。福井平野のほぼ全域に液状化の被害
1952年3月4日	十勝沖地震	8.2	北海道の泥炭地で被害が顕著。波高三メートルの津波
1960年5月23日	チリ地震津波	9.5	地震から二二時間後の津波は、北海道から三陸で波高約六メートル
1964年6月16日	新潟地震	7.5	液状化現象によって鉄筋のビルが横倒しになり、沿岸に津波
1968年5月16日	十勝沖地震	7.9	軟弱地盤地域が被害を受け、函館では建物の一階がつぶれた

日本列島を襲った主な大地震

１９７４年５月９日	伊豆半島沖地震	6.9	伊豆半島南端の石廊崎断層が活動
１９７８年６月12日	宮城県沖地震	7.4	死者の多くはブロック塀の倒壊による。丘陵地では地滑りが発生
１９８３年５月26日	日本海中部地震	7.7	日本海沿岸に最大波高七メートルの津波
１９８４年９月14日	長野県西部地震	6.8	御岳山の南斜面で岩屑なだれが発生
１９９０～１９９５年	雲仙普賢岳噴火		１９９１年６月３日の火砕流によって四三名が犠牲になる
１９９３年１月15日	釧路沖地震	7.8	湿原上の国道や、造成地の盛土部分が地滑りの被害
１９９３年７月12日	北海道南西沖地震	7.8	奥尻島は津波に襲われ、その後の火災によって大きな被害
１９９４年10月４日	北海道東方沖地震	8.1	根室・釧路はじめ、北海道から東北地方の沿岸に大きな津波
１９９５年１月17日	兵庫県南部地震	7.3	淡路島の野島断層が活動して「阪神・淡路大震災」を引き起こす
２０００年10月６日	鳥取県西部地震	7.3	北西―南東方向の活断層が活動した
２００１年３月24日	芸予地震	6.7	深く潜り込んだフィリピン海プレートの内部から発生
２００４年10月23日	新潟県中越地震	6.8	活褶曲にともなう断層の活動。地滑りの被害が多かった
２００５年３月20日	福岡県西方沖地震	7.0	福岡市北西の海底にある警固断層帯の北部が活動
２００７年３月25日	能登半島地震	6.9	半島西側で、北東―南西にのびる海底の活断層が活動
２００７年７月16日	新潟県中越沖地震	6.8	柏崎市沖の海底の活断層から発生。地盤の軟弱な地域で大きな被害
２００８年６月14日	岩手・宮城内陸地震	7.2	奥羽山脈東麓の断層が活動。栗原市で巨大な地滑り
２０１１年３月11日	東北地方太平洋沖地震	9.0	北米プレートと太平洋プレートの境界から発生。巨大な津波が太平洋沿岸に押し寄せ「東日本大震災」を引き起こした

【著者】
寒川旭（さんがわ あきら）
1947年香川県生まれ。独立行政法人産業技術総合研究所招聘研究員。東北大学大学院理学研究科博士課程修了。理学博士。通商産業省工業技術院地質調査所および産業技術総合研究所主任研究員、東京大学生産技術研究所・京都大学防災研究所客員教授を経て現職。著書に『秀吉を襲った大地震』（平凡社新書）、『地震考古学』『地震の日本史 増補版』（以上、中公新書）、『揺れる大地』（同朋舎出版）、『地震』（大巧社）などがある。

平 凡 社 新 書 6 1 4

日本人はどんな大地震を経験してきたのか
地震考古学入門

発行日——2011年11月15日　初版第1刷

著者———寒川旭
発行者——坂下裕明
発行所——株式会社平凡社
東京都文京区白山2-29-4　〒112-0001
電話　東京（03）3818-0743［編集］
　　　東京（03）3818-0874［営業］
振替　00180-0-29639
印刷・製本—株式会社東京印書館
装幀———菊地信義

© SANGAWA Akira 2011 Printed in Japan
ISBN978-4-582-85614-9
NDC分類番号210.1　新書判（17.2cm）　総ページ264
平凡社ホームページ　http://www.heibonsha.co.jp/

落丁・乱丁本のお取り替えは小社読者サービス係まで
直接お送りください（送料は小社で負担いたします）。

平凡社新書　好評既刊！

504 **秀吉を襲った大地震** 地震考古学で戦国史を読む　寒川旭
現代と同じ「内陸地震の時代」を秀吉はどう生きたか？大地の歴史を解読する。

572 **日本人と不動産** なぜ土地に執着するのか　吉村愼治
土地所有の歴史、都市計画や住宅政策の問題点、不動産格差などを論じる。

573 **科学コミュニケーション** 理科の〈考え方〉をひらく　岸田一隆
科学はどうすれば理解できるのか？〈人間〉と〈科学〉を改めて見つめ直す。

577 **1989年** 現代史最大の転換点を検証する　竹内修司
昭和天皇崩御、天安門事件、東欧革命。これらが一気に出来した歴史的意味とは。

580 **アーカイブズが社会を変える** 公文書管理法と情報革命　松岡資明
公文書管理法施行によって何が変わるのか。今起きている地殻変動をリポート。

583 **森林異変** 日本の林業に未来はあるか　田中淳夫
二一世紀に入り伐採が急速に進んでいる。転換期にある日本の森はどこへ行く？

590 **まるわかり政治語事典** 目からうろこの精選600語　塩田潮
政界特有の用語、俗語、隠語、流行語、政治家の語録等を通して政治を読み解く。

594 **福島原発の真実**　佐藤栄佐久
国が操る「原発全体主義政策」の病根を知り尽くした前知事がそのすべてを告発。

平凡社新書　好評既刊！

597　一冊でつかむ古代日本　武光誠
七九四年、桓武天皇が平安京に遷都するまでの、古代三〇〇年に焦点を当てる。

598　菅江真澄と旅する　東北遊覧紀行　安水稔和
民俗学の祖・菅江真澄とは一体何者だったのか。その足跡を辿り、再び東北へ。

599　国民皆保険が危ない　山岡淳一郎
無保険者、医療自由化などの問題を追いながら、五〇年を迎える制度を検証する。

600　葬式仏教の誕生　中世の仏教革命　松尾剛次
遺棄葬・風葬があたり前だった日本で、人々は弔いの心を仏教に託した。

601　ユング的悩み解消術　実践！　モバイル・イマジネーション　老松克博
ユング派最強技法「アクティヴ・イマジネーション」に基づく手軽な悩み解決法。

603　「政治主導」の落とし穴　立法しない議員、伝えないメディア　清水克彦
真の政治主導とは何か――。ジャーナリズムの最前線から、議員立法の重要性を説く。

604　インド財閥のすべて　躍進するインド経済の原動力　須貝信一
躍進を続けるインド経済、その成長をけん引するインド財閥の足跡をたどる。

605　シャーロック・ホームズの愉しみ方　植村昌夫
名探偵は実在の人物だった？　ホームズがもっと面白くなる異色の入門書。

平凡社新書　好評既刊！

606
知っていそうで知らないノーベル賞の話
北尾利夫
世界最高権威を誇るノーベル賞。読んで楽しい、意外な事実満載のおもしろ読本。

607
増補・iPS細胞
世紀の発見が医療を変える
八代嘉美
なぜ「万能細胞」なのか？バイオテクノロジーの最前線をわかりやすく紹介！

608
私と宗教
高村薫、小林よしのり、小川洋子、立花隆、荒木経惟、高橋惠子、龍村仁、細江英公、想田和弘、水木しげる
渡邊直樹編
現代日本を代表する10人の表現者が、「宗教」と自分自身との関わりについて語る。

609
原発推進者の無念
避難所生活で考え直したこと
北村俊郎
なぜ、事故は起こったのか。避難者となって見えてきた「安全」の意味とは？

611
建築のエロティシズム
世紀転換期ヴィーンにおける装飾の運命
田中純
いま、われわれが取り戻すべきは、建築へのファナティックな探偵の眼差しだ。

612
3・11後の建築と社会デザイン
三浦展
藤村龍至編著
日本の文明の転換点ともいうべき今、目指すべき社会の姿と建築の役割を探る。

615
柳田国男と今和次郎
災害に向き合う民俗学
畑中章宏
災害を原体験にもつ二人の軌跡から、知られざる民俗学の淵源をたどる。

616
新聞・テレビは信頼を取り戻せるか
「調査報道」を考える
小俣一平
多くの事例を見ながら、ジャーナリズムの原点である調査報道の意義を改めて問う。

新刊、書評等のニュース、全点の目次まで入った詳細目録、オンラインショップなど充実の平凡社新書ホームページを開設しています。平凡社ホームページ http://www.heibonsha.co.jp/ からお入りください。